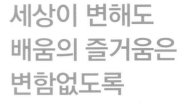

세상이 변해도
배움의 즐거움은
변함없도록

시대는 빠르게 변해도
배움의 즐거움은
변함없어야 하기에

어제의 비상은
남다른 교재부터
결이 다른 콘텐츠
전에 없던 교육 플랫폼까지

변함없는 혁신으로
교육 문화 환경의 새로운 전형을
실현해왔습니다.

비상은 오늘, 다시 한번
새로운 교육 문화 환경을 실현하기 위한
또 하나의 혁신을 시작합니다.

오늘의 내가 어제의 나를 초월하고
오늘의 교육이 어제의 교육을 초월하여
배움의 즐거움을 지속하는 혁신,

바로, 메타인지 기반 완전 학습을.

상상을 실현하는 교육 문화 기업 비상

메타인지 기반 완전 학습
초월을 뜻하는 meta와 생각을 뜻하는 인지가 결합한 메타인지는
자신이 알고 모르는 것을 스스로 구분하고 학습계획을 세우도록 하는
궁극의 학습 능력입니다. 비상의 메타인지 기반 완전 학습 시스템은
잠들어 있는 메타인지를 깨워 공부를 100% 내 것으로 만들도록 합니다.

연산으로 쉽게 개념을 완성!

개념 ＋PLUS 연산

중등 수학

1·2

수학 기본기를 탄탄하게 하는! 개념 + 연산

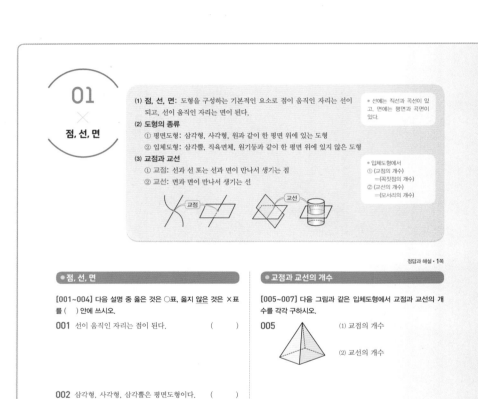

01
점, 선, 면

(1) 점, 선, 면: 도형을 구성하는 기본적인 요소로 점이 움직인 자리는 선이 되고, 선이 움직인 자리는 면이 된다.
(2) 도형의 종류
 ① 평면도형: 삼각형, 사각형, 원과 같이 한 평면 위에 있는 도형
 ② 입체도형: 삼각뿔, 직육면체, 원기둥과 같이 한 평면 위에 있지 않은 도형
(3) 교점과 교선
 ① 교점: 선과 선 또는 선과 면이 만나서 생기는 점
 ② 교선: 면과 면이 만나서 생기는 선

* 선에는 직선과 곡선이 있고, 면에는 평면과 곡면이 있다.

* 입체도형에서
① (교점의 개수)
  =(꼭짓점의 개수)
② (교선의 개수)
  =(모서리의 개수)

정답과 해설 • 1쪽

● 점, 선, 면

[001~004] 다음 설명 중 옳은 것은 ○표, 옳지 않은 것은 ×표를 ( ) 안에 쓰시오.

001 선이 움직인 자리는 점이 된다.   (   )

002 삼각형, 사각형, 삼각뿔은 평면도형이다.   (   )

003 선과 선 또는 선과 면이 만나서 생기는 점을 교점이라 한다.   (   )

004 면과 면이 만나면 교선이 생긴다.   (   )

● 교점과 교선의 개수

[005~007] 다음 그림과 같은 입체도형에서 교점과 교선의 개수를 각각 구하시오.

005
(1) 교점의 개수

(2) 교선의 개수

006
(1) 교점의 개수

(2) 교선의 개수

007
(1) 교점의 개수

(2) 교선의 개수

1 유형별 연산 문제

개념을 확실하게 이해하고 적용할 수 있도록 충분한 양의 연산 문제를 유형별로 구성하였습니다.

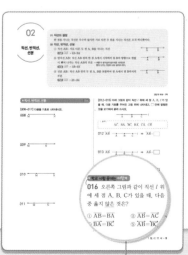

연산 문제로 연습한 후
학교 시험 문제로 확인!

추천해요!

개념을 익힐 수 있는
충분한 기본 문제가
필요한 친구

정확한 연산 능력을
키우고 싶은 친구

부족한 기본기를
채우고 싶은 친구

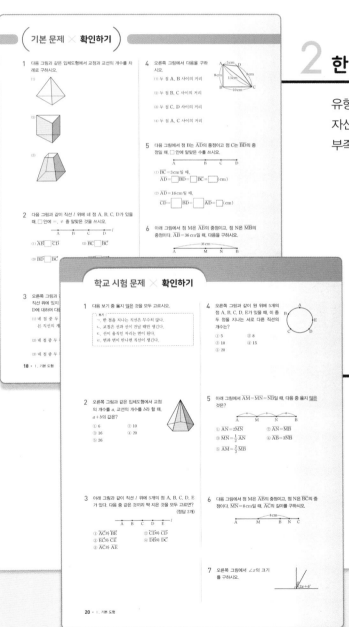

2 한 번 더 확인하기

유형별 연산 문제를 모아 한 번 더 풀어 보면서
자신의 실력을 확인할 수 있습니다.
부족한 부분은 다시 돌아가서 연습해 보세요!

3 꼭! 나오는
학교 시험 문제로
마무리하기

기본기를 완벽하게 다졌다면 연산 문제에
응용력을 더한 학교 시험 문제에 도전!
어렵지 않은 필수 기출문제를 풀어 보면서
실전 감각을 익히고 자신감을 얻을 수 있습니다.

III

입체도형

IV

통계

1

점, 선, 면, 각

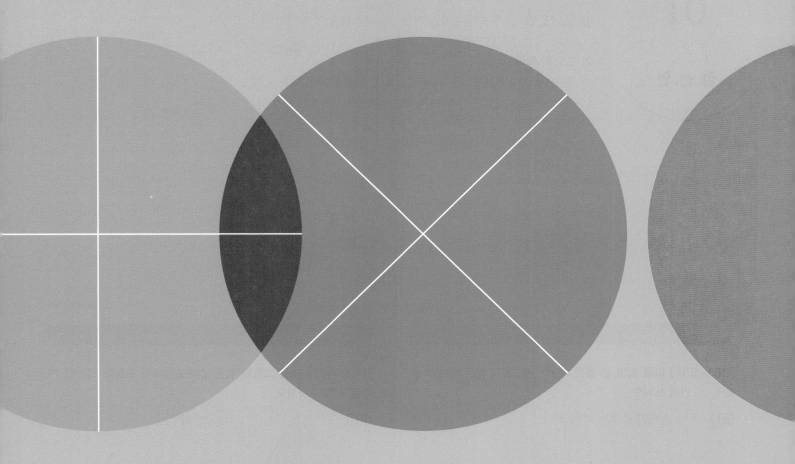

01

점, 선, 면

(1) **점, 선, 면**: 도형을 구성하는 기본적인 요소로 점이 움직인 자리는 선이 되고, 선이 움직인 자리는 면이 된다.

● 선에는 직선과 곡선이 있고, 면에는 평면과 곡면이 있다.

(2) **도형의 종류**
 ① 평면도형: 삼각형, 사각형, 원과 같이 한 평면 위에 있는 도형
 ② 입체도형: 삼각뿔, 직육면체, 원기둥과 같이 한 평면 위에 있지 않은 도형

(3) **교점과 교선**
 ① 교점: 선과 선 또는 선과 면이 만나서 생기는 점
 ② 교선: 면과 면이 만나서 생기는 선

● 입체도형에서
① (교점의 개수)
  =(꼭짓점의 개수)
② (교선의 개수)
  =(모서리의 개수)

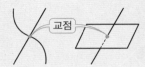
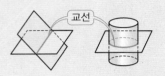

정답과 해설 · 1쪽

● 점, 선, 면

[001~004] 다음 설명 중 옳은 것은 ○표, 옳지 <u>않은</u> 것은 ×표를 ( ) 안에 쓰시오.

001 선이 움직인 자리는 점이 된다. ( )

002 삼각형, 사각형, 삼각뿔은 평면도형이다. ( )

003 선과 선 또는 선과 면이 만나서 생기는 점을 교점이라 한다. ( )

004 면과 면이 만나면 교선이 생긴다. ( )

● 교점과 교선의 개수

[005~007] 다음 그림과 같은 입체도형에서 교점과 교선의 개수를 각각 구하시오.

005

(1) 교점의 개수

(2) 교선의 개수

006

(1) 교점의 개수

(2) 교선의 개수

007

(1) 교점의 개수

(2) 교선의 개수

02
직선, 반직선, 선분

(1) 직선의 결정
한 점을 지나는 직선은 무수히 많지만 서로 다른 두 점을 지나는 직선은 오직 하나뿐이다.

(2) 직선, 반직선, 선분

① 직선 AB: 서로 다른 두 점 A, B를 지나는 직선

기호 $\overleftrightarrow{AB}$ → $\overleftrightarrow{AB}=\overleftrightarrow{BA}$

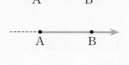

② 반직선 AB: 직선 AB 위의 한 점 A에서 시작하여 점 B의 방향으로 한없이 뻗어 나가는 직선 AB의 부분 → 어떤 두 반직선이 같으려면 시작점과 뻗어 나가는 방향이 모두 같아야 한다.

기호 $\overrightarrow{AB}$ → $\overrightarrow{AB}\neq\overrightarrow{BA}$

③ 선분 AB: 직선 AB 위의 두 점 A, B를 포함하여 점 A에서 점 B까지의 부분

기호 $\overline{AB}$ → $\overline{AB}=\overline{BA}$

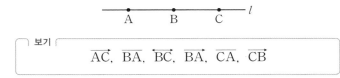

정답과 해설 · **1**쪽

● 직선, 반직선, 선분 　　　중요

[008~011] 다음을 기호로 나타내시오.

008
M　　　　　　　　N

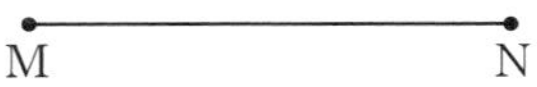

009
M　　　　　　N

010
M　　　　　N

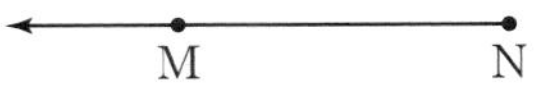

011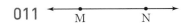
M　　　　N

[012~015] 아래 그림과 같이 직선 l 위에 세 점 A, B, C가 있을 때, 다음 기호를 주어진 그림 위에 나타내고, □ 안에 알맞은 것을 보기에서 골라 쓰시오.

A　　B　　C　　l

┌ 보기 ─────────────────┐
　$\overrightarrow{AC},\ \overrightarrow{BA},\ \overleftrightarrow{BC},\ \overrightarrow{BA},\ \overline{CA},\ \overrightarrow{CB}$
└──────────────────────┘

012 $\overrightarrow{AB}$ ----A---B---C---l ➡ $\overrightarrow{AB}=$ □

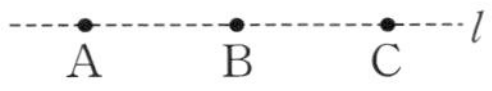

013 $\overline{AB}$ ----A---B---C---l ➡ $\overline{AB}=$ □

014 $\overleftrightarrow{AB}$ ----A---B---C---l ➡ $\overleftrightarrow{AB}=$ □

015 $\overrightarrow{CA}$ ----A---B---C---l ➡ $\overrightarrow{CA}=$ □

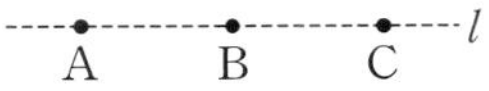

> **학교 시험 문제**는 **이렇게**

016 오른쪽 그림과 같이 직선 l 위에 세 점 A, B, C가 있을 때, 다음 중 옳지 <u>않은</u> 것은?

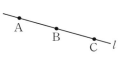

① $\overline{AB}=\overline{BA}$　　② $\overline{AB}=\overline{AC}$　　③ $\overrightarrow{CA}=\overrightarrow{CB}$
④ $\overrightarrow{BA}=\overrightarrow{BC}$　　⑤ $\overleftrightarrow{AB}=\overleftrightarrow{BC}$

● 직선, 반직선, 선분의 개수

> • 어느 세 점도 한 직선 위에 있지 않을 때 두 점을 이어서 만들 수 있는 서로 다른 직선, 반직선, 선분의 개수는 다음과 같다.
> (1) (선분의 개수)=(직선의 개수)
> (2) (반직선의 개수)=(직선의 개수)×2

[017~018] 아래 주어진 점을 지나는 직선을 그리고, 다음을 구하시오.

017 한 점 A를 지나는 서로 다른 직선의 개수

• A

018 두 점 A, B를 지나는 서로 다른 직선의 개수

• B

• A

[019~021] 아래 그림과 같이 한 직선 위에 있지 않은 세 점 A, B, C에 대하여 다음을 구하시오.

• A

• B   • C

019 세 점 중 두 점을 지나는 서로 다른 직선의 개수

020 세 점 중 두 점을 잇는 서로 다른 선분의 개수

021 세 점 중 두 점을 지나는 서로 다른 반직선의 개수

[022~024] 아래 그림과 같이 한 원 위에 있는 네 점 A, B, C, D에 대하여 다음을 구하시오.

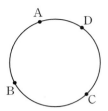

022 네 점 중 두 점을 지나는 서로 다른 직선의 개수

023 네 점 중 두 점을 잇는 서로 다른 선분의 개수

024 네 점 중 두 점을 지나는 서로 다른 반직선의 개수

[025~027] 아래 그림과 같이 한 직선 위에 있는 세 점 A, B, C에 대하여 다음을 구하시오.

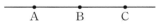

025 세 점 중 두 점을 지나는 서로 다른 직선의 개수

026 세 점 중 두 점을 잇는 서로 다른 선분의 개수

027 세 점 중 두 점을 지나는 서로 다른 반직선의 개수

03

두 점 사이의 거리와 선분의 중점

(1) 두 점 A, B 사이의 거리
서로 다른 두 점 A, B를 잇는 무수히 많은 선 중에서 길이가 가장 짧은 선인 **선분 AB의 길이**

(2) 선분 AB의 중점
선분 AB 위의 한 점 M에 대하여 $\overline{AM}=\overline{MB}$ 일 때, 점 M을 선분 AB의 **중점**이라 한다.
➡ $\overline{AM}=\overline{MB}=\dfrac{1}{2}\overline{AB}$

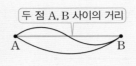

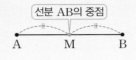

● $\overline{AB}$는 선분을 나타내기도 하고, 그 선분의 길이를 나타내기도 한다.

● 선분 AB의 삼등분점
두 점 M, N이 선분 AB의 삼등분점이면
➡ $\overline{AM}=\overline{MN}=\overline{NB}$
　　$=\dfrac{1}{3}\overline{AB}$

정답과 해설 • 1쪽

● 두 점 사이의 거리 (1)

[028~032] 아래 그림에서 다음을 구하시오.

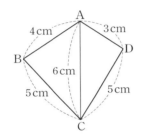

028 두 점 A, B 사이의 거리
➡ $\overline{AB}=\boxed{}$ cm

029 두 점 B, C 사이의 거리

030 두 점 C, A 사이의 거리

031 두 점 C, D 사이의 거리

032 두 점 A, D 사이의 거리

● 선분의 중점

[033~036] 아래 그림에서 점 C는 $\overline{AD}$의 중점이고 점 B는 $\overline{AC}$의 중점일 때, 다음 중 옳은 것은 ○표, 옳지 <u>않은</u> 것은 ×표를 (　) 안에 쓰시오.

A　　　B　　　C　　　　　　　D

033 $\overline{AB}=\dfrac{1}{2}\overline{AC}$ 　　　　　　(　　)

034 $\overline{BC}=\dfrac{1}{2}\overline{CD}$ 　　　　　　(　　)

035 $\overline{AC}=2\overline{AD}$ 　　　　　　(　　)

036 $\overline{AD}=3\overline{BC}$ 　　　　　　(　　)

● **두 점 사이의 거리 (2) - 선분의 중점 이용** 중요

[037~038] 다음 그림에서 점 M이 $\overline{AB}$의 중점일 때, □ 안에 알맞은 수를 쓰시오.

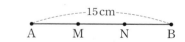

037 $\overline{AM}$=4 cm일 때

$\overline{AB}=\boxed{}\,\overline{AM}=\boxed{}$(cm)

038 $\overline{AB}$=12 cm일 때

$\overline{MB}=\boxed{}\,\overline{AB}=\boxed{}$(cm)

[039~040] 다음 그림에서 두 점 M, N은 $\overline{AB}$의 삼등분점이다. $\overline{AB}$=15 cm일 때, □ 안에 알맞은 수를 쓰시오.

039 $\overline{AM}=\overline{MN}=\overline{NB}=\boxed{}\,\overline{AB}=\boxed{}$(cm)

040 $\overline{AN}=\boxed{}\,\overline{AB}=\boxed{}$(cm)

[041~043] 아래 그림에서 점 M은 $\overline{AB}$의 중점이고, 점 N은 $\overline{MB}$의 중점이다. $\overline{AB}$=24 cm일 때, 다음을 구하시오.

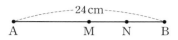

041 $\overline{AM}$의 길이

042 $\overline{MN}$의 길이

043 $\overline{AN}$의 길이

[044~047] 아래 그림에서 점 M은 $\overline{AB}$의 중점이고, 점 N은 $\overline{AM}$의 중점이다. $\overline{AN}$=4 cm일 때, 다음을 구하시오.

044 $\overline{NM}$의 길이

045 $\overline{MB}$의 길이

046 $\overline{AB}$의 길이

047 $\overline{NB}$의 길이

04
각

(1) **각 AOB**

한 점 O에서 시작하는 두 반직선 OA, OB로 이루어진 도형

기호 ∠AOB, ∠BOA, ∠O, ∠a

각의 꼭짓점은 가운데에 나타내어야 한다.

(2) **각 AOB의 크기**

꼭짓점 O를 중심으로 변 OB가 변 OA까지 회전한 양

참고 ① ∠AOB는 각 AOB를 나타내기도 하고, 그 각의 크기를 나타내기도 한다.

② 일반적으로 ∠AOB는 크기가 작은 쪽의 각을 말한다.

➡ ∠AOB=115°

(3) **각의 분류**

평각	직각	예각	둔각
∠AOB=180°	∠AOB=90°	0°<∠AOB<90°	90°<∠AOB<180°

정답과 해설 • **2**쪽

● **각의 분류**

[048~052] 아래 그림을 보고 다음 각을 평각, 직각, 예각, 둔각으로 분류하시오.

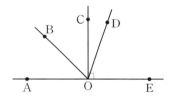

048 ∠AOB

049 ∠AOC

050 ∠BOE

051 ∠COE

052 ∠AOE

[053~056] 다음 각을 보기에서 모두 고르시오.

┌ 보기 ┐
63°,   179°,   102°,   90°,   15°,   180°

053 평각

054 직각

055 예각

056 둔각

● 각의 크기 구하기 중요

[057~060] 다음 그림에서 ∠x의 크기를 구하시오.

057

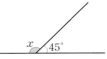

평각의 크기는 [ ]이므로

∠$x+45°=$ [ ] ∴ ∠$x=$ [ ]

058

059

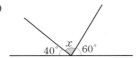

060

[061~064] 다음 그림에서 x의 값을 구하시오.

061

062

063

064

05 ✕ 맞꼭지각

(1) **교각:** 두 직선이 한 점에서 만날 때 생기는 네 개의 각
　➡ $\angle a$, $\angle b$, $\angle c$, $\angle d$

(2) **맞꼭지각:** 두 직선의 교각 중에서 서로 마주 보는 각
　➡ $\angle a$와 $\angle c$, $\angle b$와 $\angle d$

(3) **맞꼭지각의 성질:** 맞꼭지각의 크기는 서로 같다.
　➡ $\angle a = \angle c$, $\angle b = \angle d$

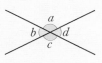

• 맞꼭지각의 성질의 활용

➡ $\angle a + \angle b = \angle c$

정답과 해설 • 2쪽

● 맞꼭지각

[065~068] 아래 그림에서 다음 각의 맞꼭지각을 찾아 기호로 나타내시오.

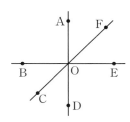

065 $\angle$AOB

066 $\angle$COD

067 $\angle$EOF

068 $\angle$COE

● 맞꼭지각의 성질　　중요

[069~070] 다음 그림에서 $\angle x$, $\angle y$의 크기를 각각 구하시오.

069

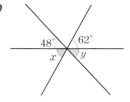

070

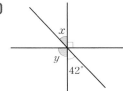

[071~072] 다음 그림에서 x의 값을 구하시오.

071

072

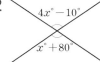

[073~075] 다음 그림에서 ∠x, ∠y의 크기를 각각 구하시오.

073

맞꼭지각의 크기는 서로 같으므로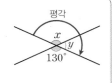

∠$x=$ □

$130° + ∠y =$ □ 이므로

∠$y=$ □

074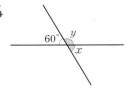

075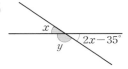

[076~077] 다음 그림에서 ∠x의 크기를 구하시오.

076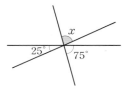

077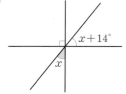

[078~081] 다음 그림에서 ∠x의 크기를 구하시오.

078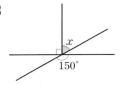

맞꼭지각의 크기는 서로 같으므로

$90° + ∠x =$ □   ∴ ∠$x =$ □

079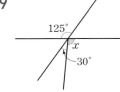

080

081

06 직교와 수선

(1) **직교**: 두 직선 AB와 CD의 교각이 직각일 때, 이 두 직선은 직교한다고 한다. 기호 $\overleftrightarrow{AB} \perp \overleftrightarrow{CD}$

(2) **수직과 수선**: 직교하는 두 직선 AB와 CD는 서로 수직이고, 한 직선을 다른 직선의 수선이라 한다.

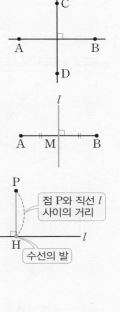

(3) **수직이등분선**: 선분 AB의 중점 M을 지나고 선분 AB에 수직인 직선 l을 선분 AB의 수직이등분선이라 한다.
  ➡ 직선 l이 선분 AB의 수직이등분선이면
  $l \perp \overline{AB}, \ \overline{AM} = \overline{MB}$

(4) **수선의 발**: 직선 l 위에 있지 않은 점 P에서 직선 l에 수선을 그었을 때 생기는 교점 H를 점 P에서 직선 l에 내린 수선의 발이라 한다.

(5) **점 P와 직선 l 사이의 거리**: 직선 l 위에 있지 않은 점 P에서 직선 l에 내린 수선의 발 H까지의 거리 ➡ $\overline{PH}$의 길이

  참고 선분 PH는 점 P와 직선 l 위에 있는 점을 이은 선분 중에서 길이가 가장 짧다.

정답과 해설 • **3**쪽

● 직교와 수선

[082~085] 다음 그림을 보고 □ 안에 알맞은 것을 쓰시오.

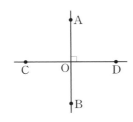

082 $\overleftrightarrow{AB}$ □ $\overleftrightarrow{CD}$

083 $\overleftrightarrow{AB}$는 $\overleftrightarrow{CD}$의 □이다.

084 점 O는 점 C에서 $\overleftrightarrow{AB}$에 내린 □이다.

085 점 D와 $\overleftrightarrow{AB}$ 사이의 거리는 선분 □의 길이이다.

● 점과 직선 사이의 거리

[086~087] 오른쪽 그림에서 다음을 구하시오.

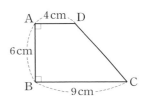

086 점 D에서 $\overline{AB}$에 내린 수선의 발

087 점 A와 $\overline{BC}$ 사이의 거리

[088~089] 오른쪽 그림에서 다음을 구하시오.

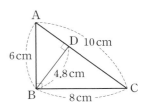

088 점 B에서 $\overline{AC}$에 내린 수선의 발

089 점 B와 $\overline{AC}$ 사이의 거리

1 다음 그림과 같은 입체도형에서 교점과 교선의 개수를 차례로 구하시오.

(1)

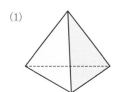

(2)

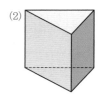

(3)

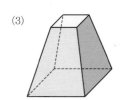

2 다음 그림과 같이 직선 l 위에 네 점 A, B, C, D가 있을 때, □ 안에 =, ≠ 중 알맞은 것을 쓰시오.

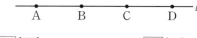

(1) $\overrightarrow{AB}$ □ $\overrightarrow{CD}$

(2) $\overline{BC}$ □ $\overrightarrow{BC}$

(3) $\overrightarrow{BD}$ □ $\overrightarrow{BC}$

(4) $\overrightarrow{CA}$ □ $\overrightarrow{CD}$

3 오른쪽 그림과 같이 어느 세 점도 한 직선 위에 있지 않은 네 점 A, B, C, D에 대하여 다음을 구하시오.

(1) 네 점 중 두 점을 지나는 서로 다른 직선의 개수

(2) 네 점 중 두 점을 잇는 서로 다른 선분의 개수

(3) 네 점 중 두 점을 지나는 서로 다른 반직선의 개수

4 오른쪽 그림에서 다음을 구하시오.

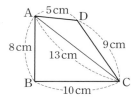

(1) 두 점 A, B 사이의 거리

(2) 두 점 B, C 사이의 거리

(3) 두 점 C, D 사이의 거리

(4) 두 점 A, C 사이의 거리

5 다음 그림에서 점 B는 $\overline{AD}$의 중점이고 점 C는 $\overline{BD}$의 중점일 때, □ 안에 알맞은 수를 쓰시오.

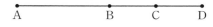

(1) $\overline{BC}=3\,cm$일 때,
$\overline{AD}=$ □ $\overline{BD}=$ □ $\overline{BC}=$ □ (cm)

(2) $\overline{AD}=16\,cm$일 때,
$\overline{CD}=$ □ $\overline{BD}=$ □ $\overline{AD}=$ □ (cm)

6 아래 그림에서 점 M은 $\overline{AB}$의 중점이고, 점 N은 $\overline{MB}$의 중점이다. $\overline{AB}=36\,cm$일 때, 다음을 구하시오.

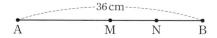

(1) $\overline{AM}$의 길이

(2) $\overline{MN}$의 길이

(3) $\overline{AN}$의 길이

7 다음 각을 보기에서 모두 고르시오.

┌ 보기 ┐
57°, 180°, 164°, 111°, 12°, 90°, 60°

(1) 평각

(2) 예각

(3) 직각

(4) 둔각

8 다음 그림에서 x의 값을 구하시오.

(1)

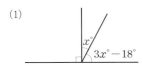

(2)

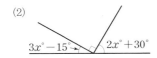

9 다음 그림에서 $\angle x$, $\angle y$의 크기를 각각 구하시오.

(1)

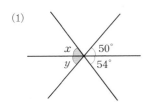

(2)

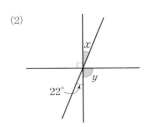

10 다음 그림에서 $\angle x$, $\angle y$의 크기를 각각 구하시오.

(1)

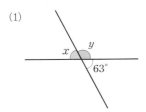

(2)

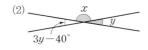

11 다음 그림에서 $\angle x$의 크기를 구하시오.

(1)

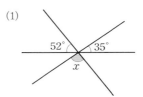

(2)

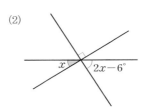

12 다음 그림에서 $\angle x$의 크기를 구하시오.

(1)

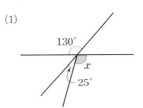

(2)

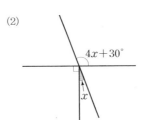

13 아래 그림에서 다음을 구하시오.

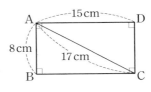

(1) 점 A에서 $\overline{\text{CD}}$에 내린 수선의 발

(2) 점 B와 $\overline{\text{CD}}$ 사이의 거리

(3) 점 D와 $\overline{\text{BC}}$ 사이의 거리

1 다음 보기 중 옳지 <u>않은</u> 것을 모두 고르시오.

> 보기
> ㄱ. 한 점을 지나는 직선은 무수히 많다.
> ㄴ. 교점은 선과 선이 만날 때만 생긴다.
> ㄷ. 선이 움직인 자리는 면이 된다.
> ㄹ. 면과 면이 만나면 직선이 생긴다.

2 오른쪽 그림과 같은 입체도형에서 교점의 개수를 a, 교선의 개수를 b라 할 때, $a+b$의 값은?

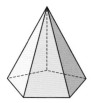

① 6   ② 10
③ 16   ④ 20
⑤ 26

3 아래 그림과 같이 직선 l 위에 5개의 점 A, B, C, D, E 가 있다. 다음 중 같은 것끼리 짝 지은 것을 모두 고르면? (정답 2개)

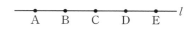

① $\overleftrightarrow{AC}$와 $\overleftrightarrow{BE}$ ② $\overrightarrow{CD}$와 $\overrightarrow{CD}$
③ $\overrightarrow{EC}$와 $\overrightarrow{CE}$ ④ $\overrightarrow{DB}$와 $\overrightarrow{DC}$
⑤ $\overline{AC}$와 $\overline{AE}$

4 오른쪽 그림과 같이 원 위에 5개의 점 A, B, C, D, E가 있을 때, 이 중 두 점을 지나는 서로 다른 직선의 개수는?

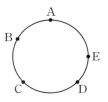

① 5   ② 8
③ 10   ④ 15
⑤ 20

5 아래 그림에서 $\overline{AM}=\overline{MN}=\overline{NB}$일 때, 다음 중 옳지 <u>않은</u> 것은?

① $\overline{AN}=2\overline{MN}$ ② $\overline{AN}=\overline{MB}$
③ $\overline{MN}=\dfrac{1}{2}\overline{AN}$ ④ $\overline{AB}=3\overline{NB}$
⑤ $\overline{AM}=\dfrac{2}{3}\overline{MB}$

6 다음 그림에서 점 M은 $\overline{AB}$의 중점이고, 점 N은 $\overline{BC}$의 중점이다. $\overline{MN}=8\,\mathrm{cm}$일 때, $\overline{AC}$의 길이를 구하시오.

7 오른쪽 그림에서 $\angle x$의 크기를 구하시오.

8 오른쪽 그림에서 x의 값은?

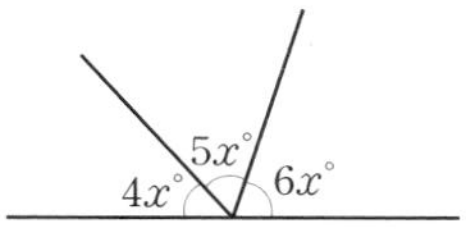

① 11　　　　② 12

③ 13　　　　④ 14

⑤ 15

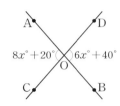

9 오른쪽 그림에서 ∠AOC의 크기를 구하시오.

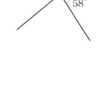

10 오른쪽 그림에서 ∠x - ∠y의 크기는?

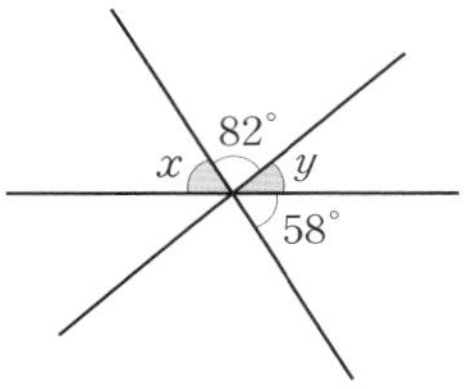

① 14°　　　② 16°

③ 18°　　　④ 20°

⑤ 22°

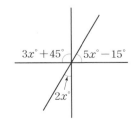

11 오른쪽 그림에서 x의 값을 구하시오.

12 오른쪽 그림에서 $x - y$의 값을 구하시오.

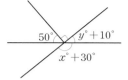

13 다음 중 오른쪽 그림에 대한 설명으로 옳지 <u>않은</u> 것을 모두 고르면?

(정답 2개)

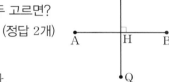

① $\overline{PQ} \perp \overline{AB}$

② $\overline{AB}$는 $\overline{PQ}$의 수선이다.

③ ∠AHQ=90°

④ 점 A와 $\overline{PQ}$ 사이의 거리는 선분 AB의 길이와 같다.

⑤ 점 Q에서 $\overline{AB}$에 내린 수선의 발은 점 P이다.

14 다음 중 아래 그림에 대한 설명으로 옳지 <u>않은</u> 것은?

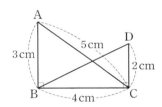

① $\overline{AB}$의 수선은 $\overline{BC}$이다.

② $\overline{BC}$와 $\overline{CD}$의 교점은 점 C이다.

③ 점 B에서 $\overline{CD}$에 내린 수선의 발은 점 C이다.

④ 점 A와 $\overline{BC}$ 사이의 거리는 3 cm이다.

⑤ 점 D와 $\overline{BC}$ 사이의 거리는 4 cm이다.

2

위치 관계

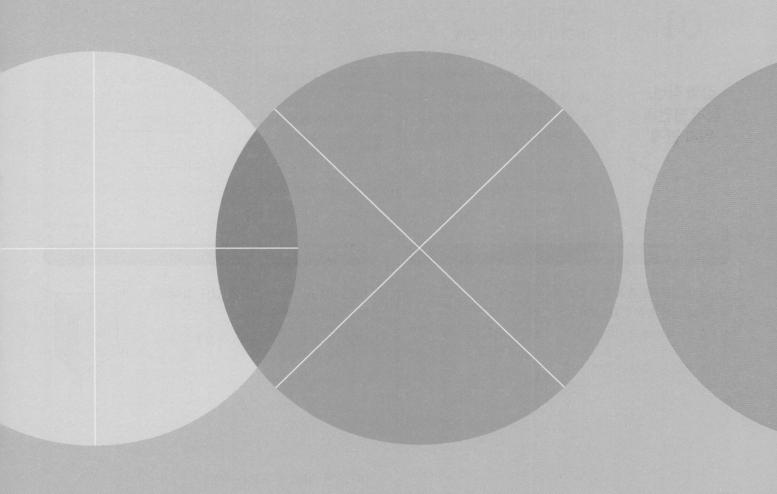

01

점과 직선, 점과 평면의 위치 관계

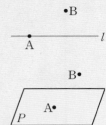

(1) 점과 직선의 위치 관계

① 점 A는 직선 l 위에 있다.

② 점 B는 직선 l 위에 있지 않다. → 직선 l은 점 B를 지나지 않는다.
　　　　　　　　　　　　　　　　　점 B는 직선 l 밖에 있다.

(2) 점과 평면의 위치 관계

① 점 A는 평면 P 위에 있다. → 점 A는 평면 P에 포함된다.

② 점 B는 평면 P 위에 있지 않다. → 점 B는 평면 P에 포함되지 않는다.
　　　　　　　　　　　　　　　　　　점 B는 평면 P 밖에 있다.

정답과 해설 • 5쪽

● 점과 직선의 위치 관계

[001~005] 다음 중 오른쪽 그림에 대한 설명으로 옳은 것은 ○표, 옳지 않은 것은 ×표를 (　) 안에 쓰시오.

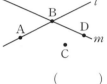

001 점 A는 직선 l 위에 있다. 　　　　(　　)

002 점 D는 직선 m 밖에 있다. 　　　(　　)

003 직선 l은 점 C를 지나지 않는다. 　(　　)

004 직선 m은 두 점 A, D를 지난다. 　(　　)

005 점 B는 두 직선 l, m 위에 동시에 있다. 　(　　)

● 점과 평면의 위치 관계

[006~010] 오른쪽 그림과 같은 삼각기둥에서 다음을 모두 구하시오.

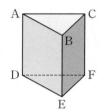

006 면 DEF 위에 있는 꼭짓점

007 면 ABC에 포함된 꼭짓점

008 면 ADEB 위에 있지 않은 꼭짓점

009 면 BEFC 밖에 있는 꼭짓점

010 꼭짓점 D와 F를 동시에 포함하는 면

02

평면에서 두 직선의 위치 관계

(1) **두 직선의 평행**: 한 평면 위에 있는 두 직선 l, m이 서로 만나지 않을 때, 두 직선 l, m은 서로 평행하다고 하고, 평행한 두 직선 l, m을 평행선이라 한다. [기호] $l /\!/ m$

(2) **평면에서 두 직선의 위치 관계**

① 한 점에서 만난다.　② 일치한다.　③ 평행하다.

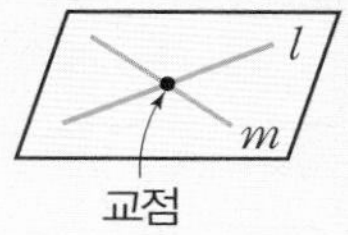

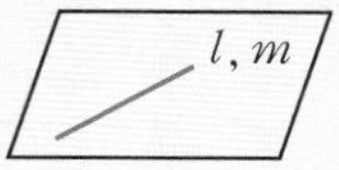

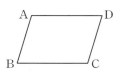

교점

● **평면에서 두 직선의 위치 관계**

[011~015] 오른쪽 그림과 같은 평행사변형 ABCD에서 다음을 모두 구하시오.

011 변 AB와 만나는 변

012 변 AD와 만나는 변

013 변 AB와 평행한 변

014 변 AD와 평행한 변

015 평행한 두 변을 모두 찾아 기호 //를 사용하여 나타내시오.

[016~020] 다음 중 오른쪽 그림과 같은 사다리꼴 ABCD에 대한 설명으로 옳은 것은 ○표, 옳지 <u>않은</u> 것은 ×표를 ( ) 안에 쓰시오.

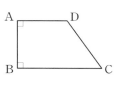

016 $\overline{AB}$와 $\overline{AD}$는 한 점에서 만난다. 　　(　)

017 $\overline{AB} /\!/ \overline{DC}$ 　　(　)

018 $\overline{AB} \perp \overline{BC}$ 　　(　)

019 $\overline{AD} \perp \overline{CD}$ 　　(　)

020 $\overline{AD} /\!/ \overline{BC}$ 　　(　)

03

공간에서
두 직선의
위치 관계

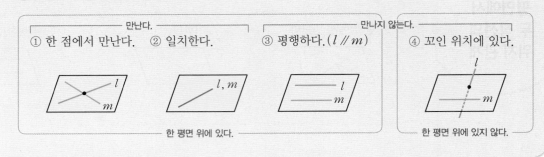

(1) **꼬인 위치**: 공간에서 두 직선이 서로 만나지도 않고 평행하지도 않을 때, 두 직선은 꼬인 위치에 있다고 한다.

(2) **공간에서 두 직선의 위치 관계**

만난다.
① 한 점에서 만난다. ② 일치한다.

만나지 않는다.
③ 평행하다.($l /\!/ m$) ④ 꼬인 위치에 있다.

한 평면 위에 있다. 한 평면 위에 있지 않다.

정답과 해설 • 6쪽

● 공간에서 두 직선의 위치 관계   중요

[021~023] 다음 모서리를 주어진 직육면체 위에 모두 나타내고, □ 안에 알맞은 것을 쓰시오.

021 모서리 AB와 한 점에서 만나는 모서리

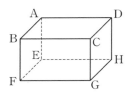

➡ $\overline{AD}$, ☐, ☐, ☐

022 모서리 AB와 평행한 모서리

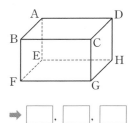

➡ ☐, ☐, ☐

023 모서리 AB와 <u>꼬인 위치에 있는</u> 모서리
└ 만나지도 않고 평행하지도 않는

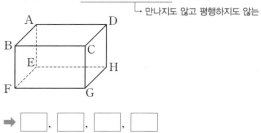

➡ ☐, ☐, ☐, ☐

[024~027] 오른쪽 그림과 같은 삼각기둥에서 다음을 모두 구하시오.

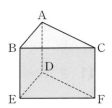

024 모서리 BE와 한 점에서 만나는 모서리

025 모서리 BE와 평행한 모서리

026 모서리 BE와 꼬인 위치에 있는 모서리

027 모서리 BE와 한 평면 위에 있는 모서리

[028~030] 오른쪽 그림과 같은 삼각뿔에서 다음 선분과 꼬인 위치에 있는 모서리를 구하시오.

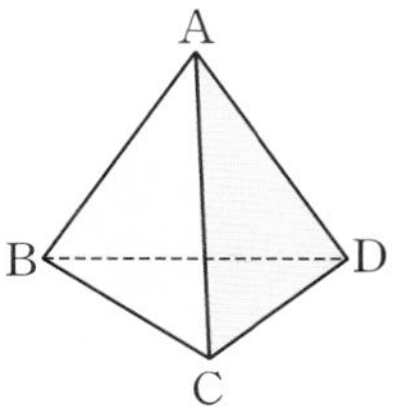

028 $\overline{AC}$

029 $\overline{BC}$

030 $\overline{CD}$

[031~033] 오른쪽 그림과 같은 정육면체에서 다음 선분과 꼬인 위치에 있는 모서리를 모두 구하시오.

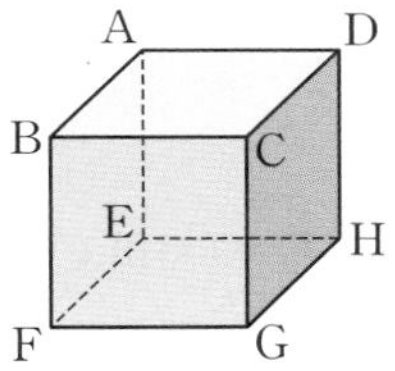

031 $\overline{BF}$

032 $\overline{CD}$

033 $\overline{AD}$

[034~040] 다음 중 오른쪽 그림과 같이 밑면이 정오각형인 오각기둥에 대한 설명으로 옳은 것은 ○표, 옳지 않은 것은 ×표를 ( ) 안에 쓰시오.

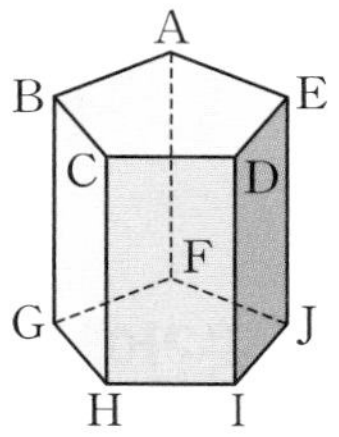

034 $\overline{BC}$와 $\overline{GH}$는 평행하다. ( )

035 $\overline{HI}$와 $\overline{DE}$는 한 점에서 만난다. ( )

036 $\overline{BG}$와 평행한 모서리는 4개이다. ( )

037 $\overleftrightarrow{BC}$와 $\overleftrightarrow{DE}$는 한 점에서 만난다. ( )

038 $\overline{CD}$와 $\overline{EJ}$는 꼬인 위치에 있다. ( )

039 $\overline{AB}$와 $\overline{FG}$는 꼬인 위치에 있다. ( )

040 $\overline{AF}$와 $\overline{AE}$는 수직으로 만난다. ( )

(1) 공간에서 직선과 평면의 위치 관계

① 한 점에서 만난다.　　② 직선이 평면에 포함된다.　　만나지 않는다.
　　　　　　　　　　　　　└ 직선이 평면 위에 있다.　　③ 평행하다. **기호** $l /\!/ P$

　　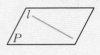　　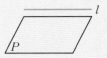

(2) 직선과 평면의 수직

직선 l이 평면 P와 한 점 H에서 만나면서 점 H를 지나는 평면 P 위의
모든 직선과 수직일 때, 직선 l과 평면 P는 서로 수직이다 또는 직교한
다고 하고, 직선 l을 평면 P의 수선이라 한다.

기호 $l \perp P$

참고 직선 l 위의 점 A와 평면 P 사이의 거리 ➡ $\overline{\text{AH}}$의 길이

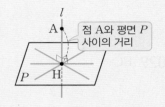

정답과 해설 · 6쪽

● **공간에서 직선과 평면의 위치 관계**　　중요

[041~043] 다음 모서리를 주어진 직육면체 위에 모두 나타내고,
□ 안에 알맞은 것을 쓰시오.

041 면 ABCD에 포함된 모서리

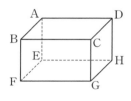

➡ $\overline{\text{AB}}$, ☐, ☐, ☐

042 면 ABCD와 한 점에서 만나는 모서리

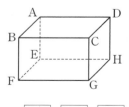

➡ ☐, ☐, ☐, ☐

043 면 ABCD와 평행한 모서리

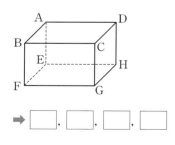

➡ ☐, ☐, ☐, ☐

[044~046] 오른쪽 그림과 같은 정육면체
에서 다음을 모두 구하시오.

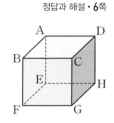

044 모서리 BC를 포함하는 면

045 모서리 CG와 한 점에서 만나는 면

046 모서리 EH와 평행한 면

[047~052] 오른쪽 그림과 같은 삼각기둥에서 다음을 모두 구하시오.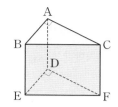

047 모서리 EF를 포함하는 면

048 면 ADFC와 수직인 모서리

049 면 ABC와 한 점에서 만나는 모서리

050 면 BEFC와 한 점에서 만나는 모서리

051 모서리 BE와 평행한 면

052 모서리 CF와 수직인 면

[053~058] 오른쪽 그림은 직육면체를 세 꼭짓점 A, B, E를 지나는 평면으로 잘라 낸 입체도형이다. 다음을 모두 구하시오.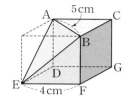

053 면 DEFG에 포함된 모서리

054 면 BFGC와 한 점에서 만나는 모서리

055 면 ABC와 수직인 모서리

056 모서리 BE와 평행한 면

057 모서리 BF와 수직인 면

058 점 A와 면 BFGC 사이의 거리

(1) 두 평면의 위치 관계

① 한 직선에서 만난다.

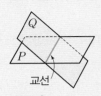

교선

② 일치한다.

P, Q

③ 평행하다. 기호 $P /\!/ Q$

┌ 만나지 않는다.

(2) 두 평면의 수직

평면 P가 평면 Q에 수직인 직선 l을 포함할 때, 평면 P와 평면 Q는 서로 수직이다 또는 직교한다고 한다.

기호 $P \perp Q$

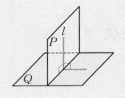

정답과 해설 • **7**쪽

● **공간에서 두 평면의 위치 관계** 중요

[059~060] 다음 면을 주어진 직육면체 위에 모두 나타내고, □ 안에 알맞은 것을 쓰시오.

059 면 BFGC와 만나는 면

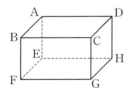

➡ 면 ABCD, ☐, ☐, ☐

060 면 BFGC와 평행한 면

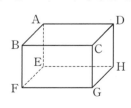

➡ ☐

[061~064] 오른쪽 그림과 같은 직육면체에서 다음을 모두 구하시오.

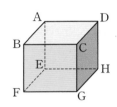

061 면 ABFE와 만나는 면

062 면 ABFE와 평행한 면

063 면 ABFE와 수직인 면

064 모서리 BC를 교선으로 하는 두 면

06 동위각과 엇각

한 평면 위의 서로 다른 두 직선 l, m이 다른 한 직선 n과 만나서 생기는 8개의 각 중에서

(1) **동위각**: 같은 위치에 있는 각 → 알파벳 F

➡ $\angle a$와 $\angle e$, $\angle b$와 $\angle f$, $\angle c$와 $\angle g$, $\angle d$와 $\angle h$

(2) **엇각**: 엇갈린 위치에 있는 각 → 알파벳 Z

➡ $\angle b$와 $\angle h$, $\angle c$와 $\angle e$

주의 엇각은 두 직선 l, m 사이에 있는 각이므로 $\angle a$와 $\angle g$, $\angle d$와 $\angle f$를 엇각으로 혼동하지 않도록 주의한다.

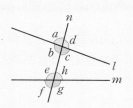

정답과 해설 · **7**쪽

● 동위각과 엇각

[065~068] 아래 그림에서 다음 각의 동위각을 찾아 기호로 나타내시오.

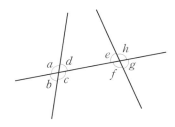

065 $\angle b$

066 $\angle d$

067 $\angle e$

068 $\angle g$

[069~072] 아래 그림에서 다음 각의 엇각을 찾아 기호로 나타내시오.

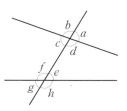

069 $\angle d$

070 $\angle c$

071 $\angle e$

072 $\angle f$

● **동위각과 엇각의 크기 구하기**

[073~074] 아래 그림에서 다음 각의 크기를 구하려고 한다.
□ 안에 알맞은 것을 쓰시오.

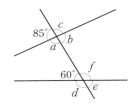

073 ∠*a*의 동위각의 크기

➡ ∠□ = 180° − □ = □

074 ∠*e*의 동위각의 크기

➡ ∠□ = □ (맞꼭지각)

[075~076] 아래 그림에서 다음 각의 크기를 구하려고 한다.
□ 안에 알맞은 것을 쓰시오.

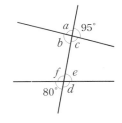

075 ∠*b*의 엇각의 크기

➡ ∠□ = □ (맞꼭지각)

076 ∠*f*의 엇각의 크기

➡ ∠□ = 180° − □ = □

[077~080] 아래 그림에서 다음 각의 크기를 구하시오.

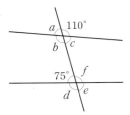

077 ∠*a*의 동위각

078 ∠*e*의 동위각

079 ∠*b*의 엇각

080 ∠*f*의 엇각

[081~084] 아래 그림에서 다음 각의 크기를 구하시오.

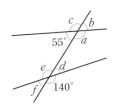

081 ∠*b*의 동위각

082 ∠*f*의 동위각

083 ∠*e*의 엇각

084 ∠*d*의 엇각

07

×

평행선의 성질

서로 다른 두 직선 l, m이 다른 한 직선 n과 만날 때, 두 직선 l, m이 **평행하면**

(1) 동위각의 크기는 서로 같다.

➡ $l /\!/ m$이면 $\angle a = \angle b$

(2) 엇각의 크기는 서로 같다.

➡ $l /\!/ m$이면 $\angle c = \angle d$

정답과 해설 • 7쪽

● 평행선에서 동위각과 엇각의 성질 (1)

[085~090] 다음 그림에서 $l /\!/ m$일 때, $\angle x$의 크기를 구하시오.

085

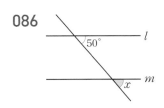

086

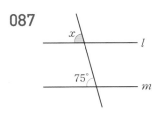

087

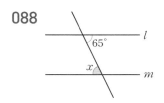

088

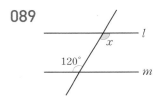

089

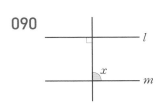

090

● **평행선에서 동위각과 엇각의 성질** (2) 　중요

[091~094] 다음 그림에서 $l /\!/ m$일 때, $\angle x$, $\angle y$의 크기를 각각 구하시오.

091

$\angle x = 180° - \boxed{} = \boxed{}$ 이고, $l /\!/ m$이므로

$\angle y = \angle x = \boxed{}$ (동위각)

092

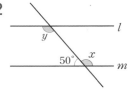

093

094

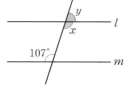

[095~098] 다음 그림에서 $l /\!/ m$일 때, $\angle x$의 크기를 구하시오.

095

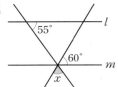

$60° + \boxed{} + \angle x = 180°$이므로

$\angle x = \boxed{}$

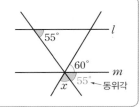

동위각

096

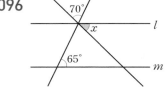

097

098

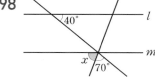

[099~102] 다음 그림에서 $l /\!/ m$일 때, $\angle x$, $\angle y$의 크기를 각각 구하시오.

099

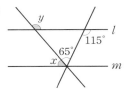

$\angle x + 65° = \boxed{}$ (엇각)

$\therefore \angle x = \boxed{}$

$\angle y = 180° - \angle x$

$ = 180° - \boxed{} = \boxed{}$

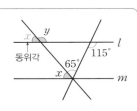

100

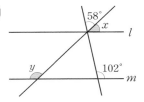

101

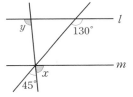

102

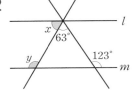

● **평행선에서 동위각과 엇각의 성질 (3)**   중요
  - 보조선이 1개인 경우

[103~106] 다음 그림에서 $l /\!/ m$일 때, $\angle x$의 크기를 구하시오.

103

두 직선 l, m에 평행한 직선 n을 그으면

$\angle a = \boxed{}$ (엇각)

$\angle b = \boxed{}$ (엇각)

$\therefore \angle x = \angle a + \angle b = \boxed{}$

104

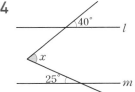

105

106

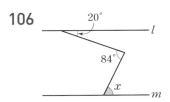

● 평행선에서 동위각과 엇각의 성질 (4) 중요
- 보조선이 2개인 경우

[107~110] 다음 그림에서 $l /\!/ m$일 때, $\angle x$의 크기를 구하시오.

107

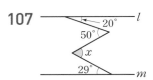

두 직선 l, m에 평행한 직선 p, q를
각각 그으면

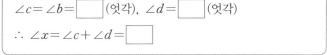

$\angle a =$ ☐ (엇각),

$\angle b = 50° - \angle a =$ ☐,

$\angle c = \angle b =$ ☐ (엇각), $\angle d =$ ☐ (엇각)

$\therefore \angle x = \angle c + \angle d =$ ☐

108

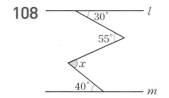

109

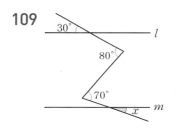

110

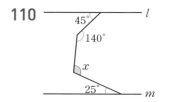

● 종이접기 중요

[111~114] 다음 그림과 같이 직사각형 모양의 종이를 접었을
때, $\angle x$의 크기를 구하시오.

111

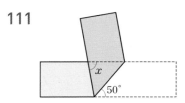

$\angle CAB = \angle ABD =$ ☐ (엇각)

$\angle ABC = \angle ABD =$ ☐ (접은 각)

삼각형 CBA에서

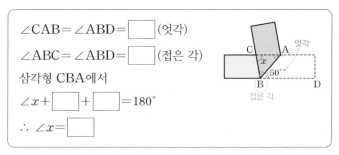

$\angle x +$ ☐ $+$ ☐ $= 180°$

$\therefore \angle x =$ ☐

112

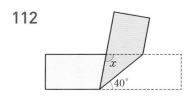

113

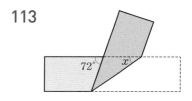

114

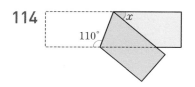

08

평행선이 되기 위한 조건

서로 다른 두 직선 l, m이 다른 한 직선 n과 만날 때

(1) 동위각의 크기가 같으면 두 직선 l, m은 평행하다.

➡ $\angle a = \angle b$이면 $l /\!/ m$

(2) 엇각의 크기가 같으면 두 직선 l, m은 평행하다.

➡ $\angle c = \angle d$이면 $l /\!/ m$

정답과 해설 • **9**쪽

● 두 직선이 평행하기 위한 조건

[115~118] 다음 그림에서 두 직선 l, m이 평행한 것은 ○표, 평행하지 <u>않은</u> 것은 ✕표를 ( ) 안에 쓰시오.

115

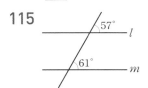

( )

116

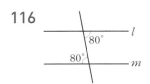

( )

117

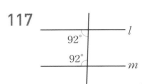

( )

118

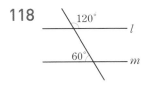

( )

● 평행한 두 직선 찾기

[119~121] 다음 그림에서 평행한 두 직선을 모두 찾아 기호로 나타내시오.

119

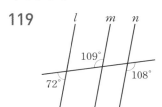

120

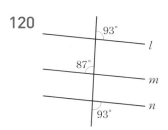

121

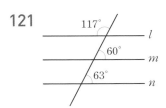

1 오른쪽 그림에서 다음을 모두 구하시오.

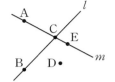

(1) 직선 l 위에 있는 점

(2) 직선 l 위에 있지 않은 점

(3) 직선 m 위에 있는 점

(4) 직선 m 위에 있지 않은 점

2 오른쪽 그림과 같은 사각기둥에서 다음을 모두 구하시오.

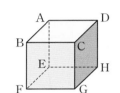

(1) 면 ABFE 위에 있는 꼭짓점

(2) 면 BFGC 위에 있지 않은 꼭짓점

(3) 면 AEHD에 포함된 꼭짓점

(4) 면 CGHD 밖에 있는 꼭짓점

3 오른쪽 그림과 같은 사다리꼴에서 다음을 모두 구하시오.

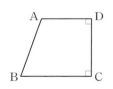

(1) 변 AB와 만나는 변

(2) 변 CD와 수직으로 만나는 변

(3) 변 AD와 평행한 변

(4) 평행한 두 변을 모두 찾아 기호 ∥를 사용하여 나타내시오.

4 오른쪽 그림과 같이 밑면이 정육각형인 육각기둥에서 다음을 모두 구하시오.

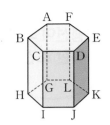

(1) 모서리 AF와 평행한 모서리

(2) 모서리 CD와 수직으로 만나는 모서리

(3) 모서리 DE를 포함하는 면

(4) 면 BHIC와 평행한 모서리

(5) 면 ABCDEF와 수직인 면

(6) 모서리 DJ를 교선으로 하는 두 면

5 오른쪽 그림과 같은 삼각기둥에서 다음을 모두 구하시오.

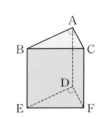

(1) 모서리 AB와 꼬인 위치에 있는 모서리

(2) 모서리 EF와 한 점에서 만나는 모서리

(3) 모서리 AD에 수직인 면

(4) 모서리 AC와 수직인 면

(5) 면 ABC와 만나는 면

(6) 면 DEF와 평행한 면

6 오른쪽 그림에서 다음 각의 크기
를 구하시오.

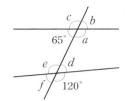

(1) ∠d의 동위각

(2) ∠e의 동위각

(3) ∠a의 엇각

7 다음 그림에서 $l /\!/ m$일 때, ∠x, ∠y의 크기를 각각 구하
시오.

(1)

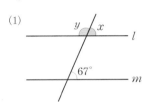

(2)

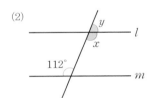

8 다음 그림에서 $l /\!/ m$일 때, ∠x, ∠y의 크기를 각각 구하
시오.

(1)

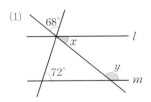

(2)

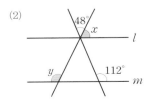

9 다음 그림에서 $l /\!/ m$일 때, ∠x의 크기를 구하시오.

(1)

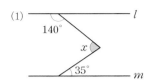

(2)

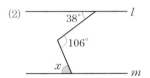

10 다음 그림에서 $l /\!/ m$일 때, ∠x의 크기를 구하시오.

(1)

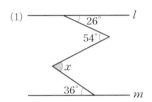

(2)

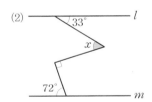

11 다음 그림에서 두 직선 l, m이 평행한 것은 ○표, 평행하
지 <u>않은</u> 것은 ×표를 ( ) 안에 쓰시오.

(1)

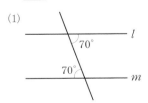

(   )

(2)

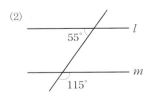

(   )

1 다음 중 오른쪽 그림에 대한 설명으로 옳지 <u>않은</u> 것은?

① 점 A는 직선 m 위에 있지 않다.

② 두 점 A, B는 모두 직선 l 위에 있다.

③ 점 C는 직선 m 밖에 있다.

④ 점 D는 직선 l, m 중 어느 직선 위에도 있지 않다.

⑤ 두 직선 l, m의 교점은 점 B이다.

2 오른쪽 그림과 같이 평면 P 위에 직선 l이 있을 때, 4개의 점 A, B, C, D에 대한 설명으로 옳은 것을 다음 보기에서 모두 고르시오.

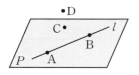

┌ 보기 ┐
ㄱ. 직선 l 위에 있지 않은 점은 2개이다.

ㄴ. 두 점 A, B는 직선 l 위에 있지만 평면 P 위에 있지는 않다.

ㄷ. 점 C는 평면 P 위에 있지만 직선 l 위에 있지는 않다.

ㄹ. 점 D는 평면 P 위에 있다.

3 다음 중 한 평면 위에 있는 두 직선 l, m의 위치 관계가 될 수 <u>없는</u> 것은?

① 평행하다.　　　　② 일치한다.

③ 직교한다.　　　　④ 한 점에서 만난다.

⑤ 꼬인 위치에 있다.

4 다음 중 오른쪽 그림과 같은 삼각기둥에 대한 설명으로 옳은 것을 모두 고르면?

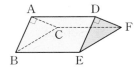

(정답 2개)

① $\overline{AB}$와 $\overline{DF}$는 한 점에서 만난다.

② $\overline{AC}$와 $\overline{DE}$는 평행하다.

③ $\overline{DE}$와 $\overline{DF}$는 서로 수직이다.

④ $\overline{BE}$와 $\overline{DF}$는 꼬인 위치에 있다.

⑤ $\overline{AD}$에 평행한 모서리는 3개이다.

5 오른쪽 그림은 밑면이 사다리꼴인 사각기둥이다. 모서리 BC와 꼬인 위치에 있는 모서리의 개수를 a, 면 ABCD와 수직인 면의 개수를 b라 할 때, $a+b$의 값을 구하시오.

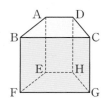

6 오른쪽 그림과 같이 서로 다른 두 직선 l, m이 다른 한 직선 n과 만날 때, 다음 중 옳지 <u>않은</u> 것을 모두 고르면? (정답 2개)

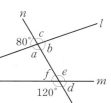

① $\angle a$의 동위각의 크기는 120°이다.

② $\angle b$와 $\angle e$는 서로 엇각이다.

③ $\angle c$의 크기는 100°이다.

④ $\angle d$의 맞꼭지각의 크기는 80°이다.

⑤ $\angle e$의 엇각의 크기는 100°이다.

7 오른쪽 그림에서 $l \parallel m$일 때,
∠y - ∠x의 크기를 구하시오.

8 오른쪽 그림에서 $l \parallel m$일 때,
∠y - ∠x의 크기는?

① 20° ② 25°
③ 30° ④ 35°
⑤ 40°

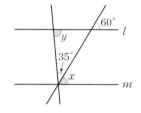

9 오른쪽 그림에서 $l \parallel m$일 때,
∠x의 크기를 구하시오.

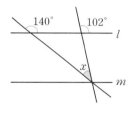

10 오른쪽 그림에서 $l \parallel m$일 때,
∠x의 크기는?

① 50° ② 55°
③ 60° ④ 65°
⑤ 70°

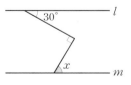

11 오른쪽 그림에서 $l \parallel m$일 때,
∠x의 크기는?

① 120° ② 125°
③ 130° ④ 135°
⑤ 140°

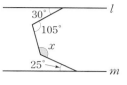

12 오른쪽 그림과 같이 직사각형 모
양의 종이를 접었을 때, ∠x, ∠y
의 크기를 각각 구하시오.

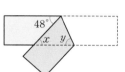

13 다음 중 두 직선 l, m이 평행하지 <u>않은</u> 것은?

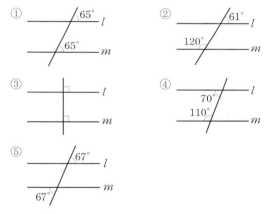

14 오른쪽 그림에서 평행한 두 직
선을 모두 찾아 기호로 나타내
시오.

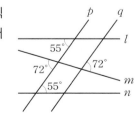

3

작도와 합동

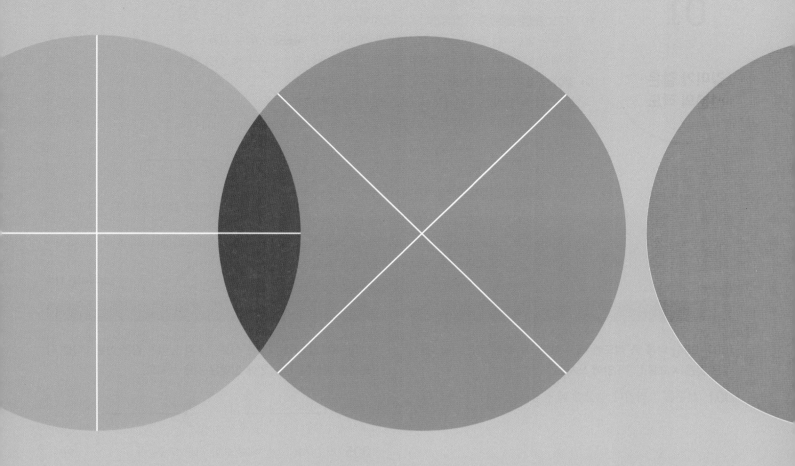

01

길이가 같은 선분의 작도

(1) 작도: 눈금 없는 자와 컴퍼스만을 사용하여 도형을 그리는 것
  ① 눈금 없는 자: 두 점을 지나는 선분을 그리거나 선분을 연장할 때 사용
  ② 컴퍼스: 원을 그리거나 주어진 선분의 길이를 재어서 다른 곳으로 옮길 때 사용

(2) 길이가 같은 선분의 작도
  선분 AB와 길이가 같은 선분 CD의 작도 순서는 다음과 같다.

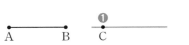

❶ 직선을 긋고, 그 직선 위에 점 C 잡기
❷ $\overline{AB}$의 길이 재기
❸ 점 C를 중심으로 반지름의 길이가 $\overline{AB}$인 원 그리기

정답과 해설 • 11쪽

● 작도

[001~004] 다음 중 작도에 대한 설명으로 옳은 것은 ○표, 옳지 않은 것은 ×표를 (   ) 안에 쓰시오.

001 선분을 그리거나 연장할 때 눈금 있는 자를 사용한다.
(   )

002 주어진 선분의 길이를 잴 때 컴퍼스를 사용한다.
(   )

003 원을 그릴 때 컴퍼스를 사용한다.   (   )

004 주어진 선분의 길이를 다른 직선 위로 옮길 때 눈금 없는 자를 사용한다.   (   )

● 길이가 같은 선분의 작도

[005~007] 다음 그림은 선분 AB와 길이가 같은 선분 PQ를 작도하는 과정이다. ☐ 안에 알맞은 것을 쓰시오.

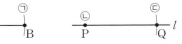

005 직선 l을 그릴 때 필요한 작도 도구는 [   ]이다.

006 $\overline{AB}$의 길이를 잴 때 필요한 작도 도구는 [   ]이다.

007 작도 순서는 ㉡ → ☐ → ☐ 이다.

02

크기가 같은 각의 작도

(1) 크기가 같은 각의 작도

∠XOY와 크기가 같은 ∠DPC의 작도 순서는 다음과 같다.

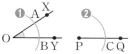 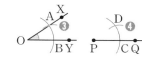

❶ 점 O를 중심으로 적당한 크기의 원을 그려 $\overrightarrow{OX}$, $\overrightarrow{OY}$와의 교점을 각각 A, B로 놓기
❷ 점 P를 중심으로 반지름의 길이가 $\overline{OA}$인 원을 그려 $\overrightarrow{PQ}$와의 교점을 C로 놓기

❸ $\overline{AB}$의 길이 재기
❹ 점 C를 중심으로 반지름의 길이가 $\overline{AB}$인 원을 그려 ❷의 원과의 교점을 D로 놓기

❺ 두 점 P, D를 지나는 $\overrightarrow{PD}$ 긋기

(2) 평행선의 작도: 직선 *l* 밖의 한 점 P를 지나면서 직선 *l*과 평행한 직선 *m*의 작도는 '서로 다른 두 직선이 다른 한 직선과 만날 때, 동위각(엇각)의 크기가 같으면 두 직선은 평행하다.'는 성질을 이용한다.

방법 ① 동위각 이용   방법 ② 엇각 이용

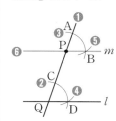 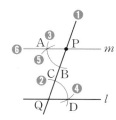

➡ ∠CQD＝∠APB이므로 *l* ∥ *m*

정답과 해설 · 11쪽

● 크기가 같은 각의 작도

[008~011] 다음 그림은 ∠XOY와 크기가 같은 각을 $\overrightarrow{AB}$를 한 변으로 하여 작도하는 과정이다. □ 안에 알맞은 것을 쓰시오.

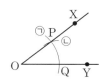 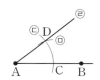

008 작도 순서는
㉠ → □ → □ → □ → □ 이다.

009 $\overline{OP}=$ □ $=\overline{AD}=$ □

010 $\overline{PQ}=$ □

011 ∠XOY＝ □

● 평행선의 작도

[012~015] 오른쪽 그림은 직선 *l* 밖의 한 점 P를 지나고 직선 *l*과 평행한 직선을 작도하는 과정이다. 다음 □ 안에 알맞은 것을 쓰시오.

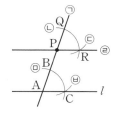

012 작도 순서는
□ → □ → □ → □ → □ → □ 이다.

013 $\overline{AB}=$ □ $=\overline{PQ}=$ □

014 $\overline{BC}=$ □

015 ∠BAC＝ □

03
삼각형

(1) **삼각형 ABC**

세 선분 AB, BC, CA로 이루어진 도형 **기호** △ABC

① 대변: 한 각과 마주 보는 변

② 대각: 한 변과 마주 보는 각

참고 일반적으로 △ABC에서 ∠A, ∠B, ∠C의 대변의 길이를 각각

a, b, c로 나타낸다.

(2) **삼각형의 세 변의 길이 사이의 관계** → 삼각형이 될 수 있는 조건

삼각형의 한 변의 길이는 다른 두 변의 길이의 합보다 작다.

➡ (가장 긴 변의 길이)<(나머지 두 변의 길이의 합)

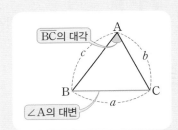

정답과 해설 · **12**쪽

● **삼각형의 대변과 대각**

[016~021] 오른쪽 그림과 같은 △ABC 에서 다음을 구하시오.

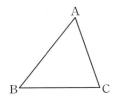

016 ∠A의 대변

017 ∠B의 대변

018 ∠C의 대변

019 변 AB의 대각

020 변 BC의 대각

021 변 AC의 대각

● **삼각형의 세 변의 길이 사이의 관계** **중요**

[022~027] 세 변의 길이가 다음과 같이 주어질 때, ○ 안에 >, <, = 중 알맞은 것을 쓰고, 주어진 세 변으로 삼각형이 만들어지는 것은 ○표, 만들어지지 <u>않는</u> 것은 ✕표를 ( ) 안에 쓰시오.

022 6 cm, 7 cm, 8 cm ( )

➡ 8 ◯ 6+7

023 4 cm, 6 cm, 11 cm ( )

➡ 11 ◯ 4+6

024 3 cm, 3 cm, 5 cm ( )

025 3 cm, 7 cm, 10 cm ( )

026 4 cm, 5 cm, 9 cm ( )

027 6 cm, 7 cm, 11 cm ( )

04 삼각형의 작도

(1) 세 변의 길이가 주어질 때

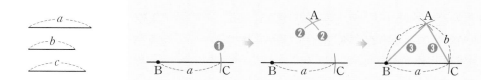

(2) 두 변의 길이와 그 끼인각의 크기가 주어질 때

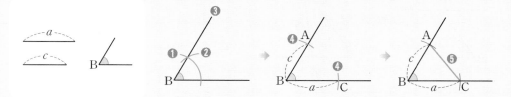

(3) 한 변의 길이와 그 양 끝 각의 크기가 주어질 때

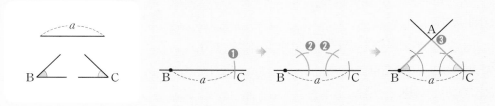

정답과 해설 • **12**쪽

● 삼각형의 작도 (1) - 세 변의 길이가 주어질 때

028 다음은 길이가 각각 a, b, c인 선분을 세 변으로 하는 △ABC를 작도하는 과정이다. □ 안에 알맞은 것을 쓰시오.

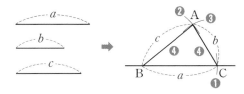

❶ 직선을 긋고, 그 위에 길이가 ☐인 $\overline{BC}$를 작도한다.

❷ 점 ☐를 중심으로 반지름의 길이가 ☐인 원을 그린다.

❸ 점 ☐를 중심으로 반지름의 길이가 ☐인 원을 그려

❷에서 그린 원과의 교점을 ☐라 한다.

❹ $\overline{AB}$, $\overline{AC}$를 그으면 △ABC가 된다.

029 다음 그림은 길이가 각각 a, b, c인 선분을 세 변으로 하는 △ABC를 작도한 것이다. 작도 순서를 완성하시오.

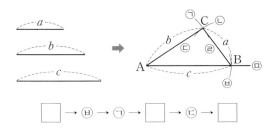

☐ → ㉧ → ㉠ → ☐ → ㉢ → ☐

● **삼각형의 작도 (2) - 두 변의 길이와 그 끼인각의 크기가 주어질 때**

030 다음은 길이가 각각 a, c인 선분을 두 변으로 하고 ∠B를 그 끼인각으로 하는 △ABC를 작도하는 과정이다. □ 안에 알맞은 것을 쓰시오.

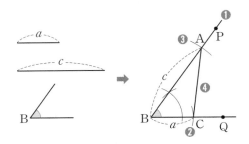

① ∠B와 크기가 같은 ∠PBQ를 작도한다.

② 점 □를 중심으로 반지름의 길이가 □인 원을 그려 $\overrightarrow{BQ}$와의 교점을 C라 한다.

③ 점 □를 중심으로 반지름의 길이가 □인 원을 그려 $\overrightarrow{BP}$와의 교점을 □라 한다.

④ $\overline{AC}$를 그으면 △ABC가 된다.

031 다음 그림은 길이가 각각 b, c인 선분을 두 변으로 하고 ∠A를 그 끼인각으로 하는 △ABC를 작도한 것이다. 작도 순서를 완성하시오.

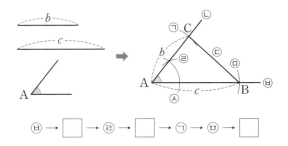

ⓗ → □ → ⓔ → □ → ⓐ → ⓜ → □

● **삼각형의 작도 (3) - 한 변의 길이와 그 양 끝 각의 크기가 주어질 때**

032 다음은 길이가 a인 선분을 한 변으로 하고 ∠B, ∠C를 그 양 끝 각으로 하는 △ABC를 작도하는 과정이다. □ 안에 알맞은 것을 쓰시오.

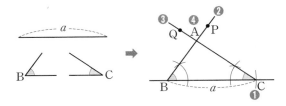

① 직선을 긋고, 그 위에 길이가 □인 $\overline{BC}$를 작도한다.

② ∠B와 크기가 같은 ∠PBC를 작도한다.

③ ∠□와 크기가 같은 ∠QCB를 작도한다.

④ $\overrightarrow{BP}$와 $\overrightarrow{CQ}$의 교점을 □라 하면 △ABC가 된다.

033 다음 그림은 길이가 c인 선분을 한 변으로 하고 ∠A, ∠B를 그 양 끝 각으로 하는 △ABC를 작도한 것이다. 작도 순서를 완성하시오.

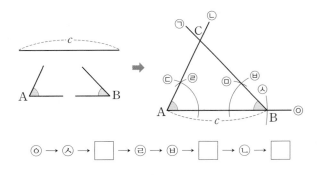

ⓞ → ⓢ → □ → ⓔ → ⓗ → □ → ⓛ → □

05

삼각형이 하나로 정해지는 경우

삼각형의 모양과 크기는 다음의 세 가지 경우에 하나로 정해진다.
└ 모양과 크기가 같은 삼각형이 오직 하나만 만들어진다.

(1) 세 변의 길이가 주어질 때

(2) 두 변의 길이와 그 끼인각의 크기가 주어질 때

(3) 한 변의 길이와 그 양 끝 각의 크기가 주어질 때

참고 삼각형이 하나로 정해지지 않는 경우

(1) (가장 긴 변의 길이)≥(나머지 두 변의 길이의 합) → 삼각형이 그려지지 않는다.

(2) 두 변의 길이와 그 끼인각이 아닌 다른 한 각의 크기가 주어질 때 → 삼각형이 그려지지 않거나 1개 또는 2개가 그려진다.

(3) 세 각의 크기가 주어질 때 → 모양은 같고 크기가 다른 삼각형이 무수히 많이 그려진다.

정답과 해설 • **12**쪽

● 삼각형이 하나로 정해지는 경우

[034~038] 다음과 같은 조건이 주어질 때, △ABC가 하나로 정해지는 것은 보기에서 해당하는 조건을 찾아 기호(ㄱ, ㄴ, ㄷ)를, 하나로 정해지지 <u>않는</u> 것은 ×표를 ( ) 안에 쓰시오.

보기
ㄱ. 세 변의 길이가 주어질 때
ㄴ. 두 변의 길이와 그 끼인각의 크기가 주어질 때
ㄷ. 한 변의 길이와 그 양 끝 각의 크기가 주어질 때

034 $\angle A = 30°$, $\angle B = 70°$, $\angle C = 80°$ ( )

035 $\angle B = 50°$, $\overline{BC} = 7\,cm$, $\angle C = 60°$ ( )

036 $\overline{AB} = 8\,cm$, $\angle B = 60°$, $\overline{CA} = 7\,cm$ ( )

037 $\overline{AB} = 4\,cm$, $\overline{BC} = 5\,cm$, $\overline{CA} = 6\,cm$ ( )

038 $\overline{AB} = 4\,cm$, $\overline{CA} = 6\,cm$, $\angle A = 45°$ ( )

● 삼각형이 하나로 정해지기 위해 필요한 조건 [중요]

[039~041] 오른쪽 그림과 같은 △ABC를 작도하려고 할 때, 다음 조건을 추가하여 △ABC가 하나로 정해지는 것은 ○표, 하나로 정해지지 않는 것은 ×표를 ( ) 안에 쓰시오.

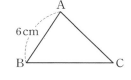

039 $\overline{BC} = 10\,cm$, $\overline{CA} = 3\,cm$ ( )

040 $\overline{CA} = 4\,cm$, $\angle A = 25°$ ( )

041 $\angle B = 80°$, $\angle C = 20°$ ( )

> 학교 시험 문제는 이렇게

042 △ABC에서 $\overline{AB} = 4\,cm$, $\overline{BC} = 5\,cm$일 때, △ABC가 하나로 정해지기 위해 필요한 조건 한 가지를 다음 보기에서 모두 고르시오.

보기
ㄱ. $\overline{CA} = 1\,cm$ ㄴ. $\overline{CA} = 6\,cm$
ㄷ. $\angle B = 90°$ ㄹ. $\angle C = 25°$

06

도형의 합동

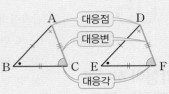

(1) **합동**: 한 도형 P를 모양과 크기를 바꾸지 않고 다른 도형 Q에 완전히 포갤 수 있을 때, 이 두 도형을 서로 **합동**이라 한다.

기호 $P \equiv Q$

참고 합동인 두 도형에서 서로 포개어지는 꼭짓점과 꼭짓점, 변과 변, 각과 각은 서로 대응한다고 한다.

주의 합동인 도형을 기호로 나타낼 때는 두 도형의 대응점의 순서를 맞추어 쓴다.

(2) **합동인 도형의 성질**: 두 도형이 서로 합동이면 대응변의 길이와 대응각의 크기가 각각 같다.

$\triangle ABC \equiv \triangle DEF$

정답과 해설 · **13**쪽

● **도형의 합동**

[043~044] 다음 그림에서 서로 합동인 도형을 찾아 ☐ 안에 알맞은 것을 쓰시오.

043

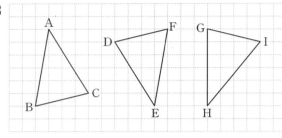

➡ $\triangle ABC \equiv$ ☐

044

➡ (사각형 ABCD) $\equiv$ (☐)

[045~050] 아래 그림에서 사각형 ABCD와 사각형 HGFE가 서로 합동일 때, 다음을 구하시오.

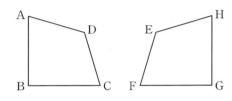

045 점 A의 대응점

046 점 C의 대응점

047 $\overline{BC}$의 대응변

048 $\overline{CD}$의 대응변

049 ∠B의 대응각

050 ∠D의 대응각

● 합동인 도형의 성질

[051~054] 아래 그림에서 △ABC≡△DEF일 때, 다음을 구하시오.

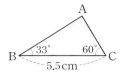 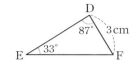

051 $\overline{AC}$의 길이

➡ $\overline{AC}$의 대응변은 ☐ 이므로 $\overline{AC}=$ ☐ cm

052 $\overline{EF}$의 길이

053 ∠A의 크기

054 ∠F의 크기

[055~058] 아래 그림에서 사각형 ABCD와 사각형 EFGH가 서로 합동일 때, 다음을 구하시오.

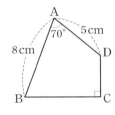 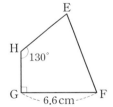

055 $\overline{BC}$의 길이

056 $\overline{EH}$의 길이

057 ∠D의 크기

058 ∠E의 크기

[059~064] 다음 설명 중 옳은 것은 ○표, 옳지 <u>않은</u> 것은 ×표를 ( ) 안에 쓰시오.

059 두 도형 A와 B가 서로 합동인 것을 기호로 A≡B와 같이 나타낸다. ( )

060 서로 합동인 두 도형은 대응각의 크기가 같다.

( )

061 서로 합동인 두 도형은 넓이가 같다. ( )

062 모양이 같은 두 도형은 서로 합동이다. ( )

063 반지름의 길이가 같은 두 원은 서로 합동이다.

( )

064 넓이가 같은 두 직사각형은 서로 합동이다. ( )

삼각형의 합동 조건

두 삼각형 ABC, DEF는 다음의 각 경우에 서로 합동이다.

(1) 대응하는 세 변의 길이가 각각 같을 때 (SSS 합동)

➡ $\overline{AB}=\overline{DE}$, $\overline{BC}=\overline{EF}$, $\overline{AC}=\overline{DF}$

(2) 대응하는 두 변의 길이가 각각 같고, 그 끼인각의 크기가 같을 때 (SAS 합동)

➡ $\overline{AB}=\overline{DE}$, $\overline{BC}=\overline{EF}$, $\angle B=\angle E$

(3) 대응하는 한 변의 길이가 같고, 그 양 끝 각의 크기가 각각 같을 때 (ASA 합동)

➡ $\overline{BC}=\overline{EF}$, $\angle B=\angle E$, $\angle C=\angle F$

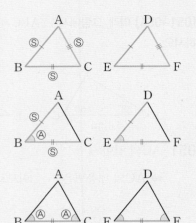

정답과 해설 • **13쪽**

● **삼각형의 합동 조건**

[065~067] 다음 보기 중 서로 합동인 두 삼각형을 찾아 ☐ 안에 알맞은 것을 쓰시오.

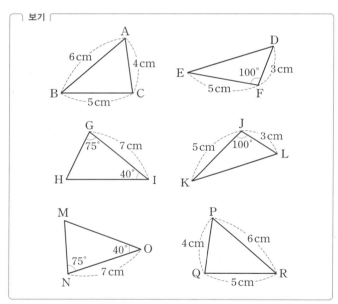

065 △ABC≡☐ (☐ 합동)

066 △DEF≡☐ (☐ 합동)

067 △GHI≡☐ (☐ 합동)

[068~072] 아래 그림과 같은 △ABC와 △DEF가 다음 조건을 만족시킬 때, 두 삼각형이 서로 합동인 것은 ○표, 합동이 <u>아닌</u> 것은 ✕표를 ( ) 안에 쓰시오.

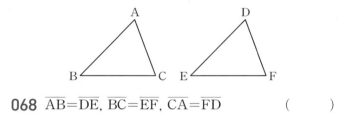

068 $\overline{AB}=\overline{DE}$, $\overline{BC}=\overline{EF}$, $\overline{CA}=\overline{FD}$ ( )

069 $\overline{AB}=\overline{DE}$, $\overline{BC}=\overline{EF}$, $\angle A=\angle D$ ( )

070 $\overline{AB}=\overline{DE}$, $\angle A=\angle D$, $\angle B=\angle E$ ( )

071 $\overline{BC}=\overline{EF}$, $\overline{AC}=\overline{DF}$, $\angle C=\angle F$ ( )

072 $\angle A=\angle D$, $\angle B=\angle E$, $\angle C=\angle F$ ( )

● **두 삼각형이 합동이 되기 위해 필요한 조건**

[073~075] 다음 그림과 같은 △ABC와 △DEF에서
△ABC≡△DEF가 되기 위해 필요한 조건 한 가지를 보기에서
골라 □ 안에 알맞은 것을 쓰시오.

> 보기
>
> ㄱ. $\overline{AB}=\overline{DE}$ ㄴ. $\overline{AC}=\overline{DF}$
> ㄷ. $\overline{BC}=\overline{EF}$ ㄹ. ∠A=∠D
> ㅁ. ∠B=∠E   ㅂ. ∠C=∠F

073

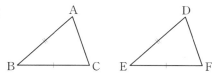

➡ △ABC와 △DEF가 SSS 합동이 되기 위해 필요
한 조건 한 가지는 □ 이다.

074

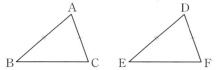

➡ △ABC와 △DEF가 SAS 합동이 되기 위해 필요
한 조건 한 가지는 □ 이다.

075

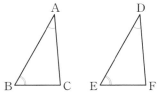

➡ △ABC와 △DEF가 ASA 합동이 되기 위해 필요
한 조건은 □ 또는 □ 또는 □ 중 하나이다.

● **삼각형의 합동의 활용**

[076~077] 오른쪽 그림에서
$\overline{AB}=\overline{BC}$, $\overline{AD}=\overline{CD}$이고
∠ABD=45°일 때, 다음 물음에 답하
시오.

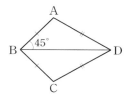

076 △ABD와 합동인 삼각형을 찾고, 합동 조건을 말하시오.

077 ∠CBD의 크기를 구하시오.

[078~079] 오른쪽 그림에서
$\overline{AD}=\overline{BC}$, ∠DAC=∠BCA이고
∠ABC=65°일 때, 다음 물음에
답하시오.

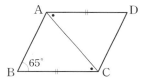

078 △ABC와 합동인 삼각형을 찾고, 합동 조건을 말하시오.

079 ∠ADC의 크기를 구하시오.

1 다음은 선분 AB와 길이가 같은 선분 PQ를 작도하는 과정이다. □ 안에 알맞은 것을 쓰시오.

❶ 눈금 없는 자를 사용하여 직선을 긋고, 그 위에 점 □ 를 잡는다.

❷ 컴퍼스를 사용하여 □ 의 길이를 잰다.

❸ 점 □ 를 중심으로 반지름의 길이가 □ 인 원을 그려 ❶에서 그은 직선과의 교점을 □ 라 하면 $\overline{PQ}$ 가 작도된다.

2 다음은 ∠XOY와 크기가 같은 각을 $\overrightarrow{AB}$를 한 변으로 하여 작도하는 과정이다. □ 안에 알맞은 것을 쓰시오.

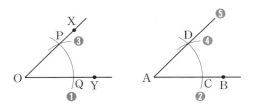

❶ 점 O를 중심으로 적당한 크기의 원을 그려 $\overrightarrow{OX}$, $\overrightarrow{OY}$와의 교점을 각각 □, □ 라 한다.

❷ 점 A를 중심으로 반지름의 길이가 $\overline{OP}$인 원을 그려 $\overrightarrow{AB}$와의 교점을 □ 라 한다.

❸ $\overline{PQ}$의 길이를 잰다.

❹ 점 C를 중심으로 반지름의 길이가 □ 인 원을 그려 ❷에서 그린 원과의 교점을 D라 한다.

❺ $\overrightarrow{AD}$를 그으면 ∠DAC가 작도된다.

3 오른쪽 그림은 직선 l 밖의 한 점 P를 지나고 직선 l과 평행한 직선을 작도하는 과정이다. 다음 □ 안에 알맞은 것을 쓰시오.

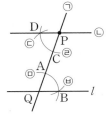

(1) 작도 순서는

□ → □ → □ → □ → □ → □ 이다.

(2) $\overline{AQ}=$ □ $=\overline{CP}=$ □

(3) $\overline{AB}=$ □

(4) ∠AQB= □

4 세 변의 길이가 다음과 같이 주어질 때, 주어진 세 변으로 삼각형이 만들어지는 것은 ○표, 만들어지지 않는 것은 ✕표를 ( ) 안에 쓰시오.

(1) 1 cm, 3 cm, 4 cm ( )

(2) 2 cm, 4 cm, 5 cm ( )

(3) 3 cm, 5 cm, 9 cm ( )

(4) 4 cm, 6 cm, 7 cm ( )

5 다음과 같은 조건이 주어질 때, △ABC가 하나로 정해지는 것은 ○표, 하나로 정해지지 않는 것은 ✕표를 ( ) 안에 쓰시오.

(1) $\overline{AB}=6$ cm, $\overline{BC}=8$ cm, $\overline{CA}=14$ cm ( )

(2) $\overline{AB}=2$ cm, $\overline{BC}=4$ cm, ∠B=45° ( )

(3) $\overline{AB}=5$ cm, $\overline{CA}=6$ cm, ∠C=30° ( )

(4) $\overline{AC}=3$ cm, ∠A=40°, ∠B=80° ( )

(5) ∠A=25°, ∠B=55°, ∠C=100° ( )

6 오른쪽 그림과 같은 △ABC를 작도하려고 할 때, 다음 조건을 추가하여 △ABC가 하나로 정해지는 것은 ○표, 하나로 정해지지 않는 것은 ×표를 ( ) 안에 쓰시오.

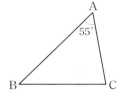

(1) $\overline{AB}=2\,cm$, $\overline{AC}=3\,cm$　　　　(　)

(2) $\overline{AB}=10\,cm$, $\angle B=45°$　　　　(　)

(3) $\overline{AC}=6\,cm$, $\overline{BC}=5\,cm$　　　　(　)

(4) $\angle B=65°$, $\angle C=60°$　　　　(　)

7 아래 그림에서 사각형 ABCD와 사각형 EFGH가 서로 합동일 때, 다음을 구하시오.

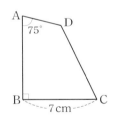 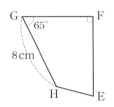

(1) $\overline{CD}$의 길이

(2) $\overline{FG}$의 길이

(3) $\angle C$의 크기

(4) $\angle H$의 크기

8 다음 그림과 같은 △ABC와 △DEF에서 $\angle A=\angle D$, $\overline{AB}=\overline{DE}$일 때, △ABC≡△DEF가 되기 위해 필요한 조건 한 가지를 보기에서 골라 ☐ 안에 알맞은 것을 쓰시오.

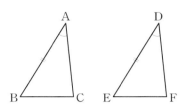

┌ 보기 ┐
ㄱ. $\overline{BC}=\overline{EF}$　　　　ㄴ. $\overline{AC}=\overline{DF}$
ㄷ. $\overline{AC}=\overline{EF}$　　　　ㄹ. $\angle A=\angle E$
ㅁ. $\angle B=\angle E$　　　　ㅂ. $\angle C=\angle F$

(1) △ABC와 △DEF가 SAS 합동이 되기 위해 필요한 조건 한 가지는 ☐ 이다.

(2) △ABC와 △DEF가 ASA 합동이 되기 위해 필요한 조건은 ☐ 또는 ☐ 중 하나이다.

9 다음 그림에서 합동인 삼각형을 찾아 기호 ≡를 사용하여 나타내고, 그때의 합동 조건을 말하시오.

(1)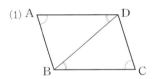

(2)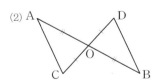

(3)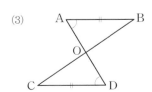

1 다음 중 작도에 대한 설명으로 옳지 <u>않은</u> 것은?

① 눈금 없는 자와 컴퍼스만을 사용한다.

② 선분을 연장할 때는 눈금 없는 자를 사용한다.

③ 원을 그릴 때는 컴퍼스를 사용한다.

④ 주어진 선분의 길이를 잴 때는 눈금 없는 자를 사용한다.

⑤ 주어진 선분의 길이를 옮길 때는 컴퍼스를 사용한다.

2 오른쪽 그림과 같이 $\overline{AB}$를 점 B의 방향으로 연장하여 $\overline{AC}=2\overline{AB}$ 인 $\overline{AC}$를 작도했을 때, 다음 보기 중 옳은 것을 모두 고르시오.

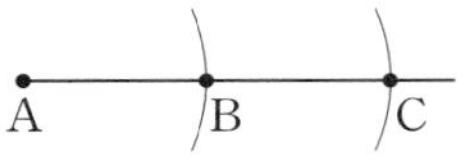

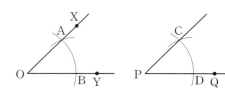

┌ 보기 ┌

ㄱ. $\overline{AB}=\dfrac{1}{2}\overline{AC}$

ㄴ. $\overline{AB}=\overline{BC}$

ㄷ. 점 C는 눈금 없는 자를 사용하여 작도한다.

ㄹ. 점 B를 중심으로 반지름의 길이가 $\overline{AB}$의 길이의 2배인 원을 그려서 $\overrightarrow{AB}$와 만나는 점을 C라 한다.

3 아래 그림은 ∠XOY와 크기가 같은 각을 $\overrightarrow{PQ}$를 한 변으로 하여 작도한 것이다. 다음 중 옳지 <u>않은</u> 것은?

① $\overline{OA}=\overline{OB}$　　② $\overline{OB}=\overline{PD}$
③ $\overline{OB}=\overline{CD}$　　④ $\overline{AB}=\overline{CD}$
⑤ ∠AOB= ∠CPD

4 오른쪽 그림은 직선 l 밖의 한 점 P를 지나고 직선 l과 평행한 직선을 작도한 것이다. 작도 순서를 바르게 나열한 것은?

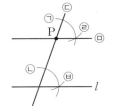

① ㄷ → ㄴ → ㅂ → ㄱ → ㄹ → ㅁ
② ㄷ → ㄴ → ㅂ → ㄹ → ㄱ → ㅁ
③ ㄷ → ㄱ → ㄴ → ㅂ → ㄹ → ㅁ
④ ㄷ → ㄴ → ㄱ → ㄹ → ㅂ → ㅁ
⑤ ㄷ → ㄴ → ㄱ → ㅂ → ㄹ → ㅁ

5 다음 중 삼각형의 세 변의 길이가 될 수 <u>없는</u> 것을 모두 고르면? (정답 2개)

① 2 cm, 3 cm, 6 cm　　② 3 cm, 4 cm, 5 cm
③ 4 cm, 6 cm, 8 cm　　④ 5 cm, 5 cm, 10 cm
⑤ 5 cm, 6 cm, 9 cm

6 삼각형의 세 변의 길이가 5 cm, 8 cm, x cm일 때, 다음 중 x의 값이 될 수 <u>없는</u> 것은?

① 3　　　　② 5　　　　③ 7
④ 9　　　　⑤ 11

7 오른쪽 그림과 같이 변 AB의 길이와 ∠A, ∠B의 크기가 주어졌을 때, 다음 중 △ABC의 작도 순서로 옳지 <u>않은</u> 것은?

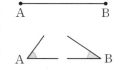

① ∠A → $\overline{AB}$ → ∠B　　② ∠A → ∠B → $\overline{AB}$
③ ∠B → $\overline{AB}$ → ∠A　　④ $\overline{AB}$ → ∠A → ∠B
⑤ $\overline{AB}$ → ∠B → ∠A

8 다음 중 △ABC가 하나로 정해지는 것을 모두 고르면?

(정답 2개)

① $\overline{AB}=8\,cm$, $\overline{CA}=8\,cm$, $\angle A=30°$
② $\overline{BC}=7\,cm$, $\angle B=120°$, $\angle C=60°$
③ $\angle A=40°$, $\angle B=40°$, $\angle C=100°$
④ $\angle A=55°$, $\angle B=45°$, $\overline{BC}=6\,cm$
⑤ $\overline{AB}=8\,cm$, $\overline{BC}=6\,cm$, $\overline{CA}=15\,cm$

9 다음 중 두 도형이 합동이 <u>아닌</u> 것은?

① 넓이가 같은 두 원
② 넓이가 같은 두 정사각형
③ 한 변의 길이가 같은 두 정삼각형
④ 둘레의 길이가 같은 두 정사각형
⑤ 반지름의 길이가 같은 두 부채꼴

10 다음 그림에서 △ABC≡△DEF일 때, $x+y$의 값을 구하시오.

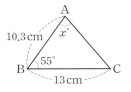 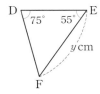

11 다음 보기 중 △ABC와 합동인 삼각형의 개수를 구하시오.

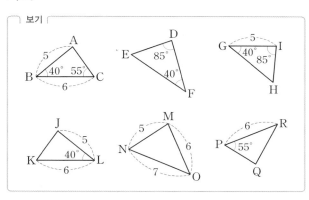

12 아래 그림에서 $\angle B=\angle E$, $\angle C=\angle F$일 때, 다음 중 △ABC≡△DEF가 되기 위해 필요한 나머지 한 조건이 될 수 있는 것을 모두 고르면? (정답 2개)

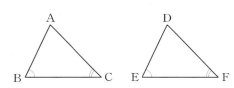

① $\overline{AB}=\overline{DE}$　　② $\overline{AC}=\overline{EF}$　　③ $\angle A=\angle D$
④ $\overline{BC}=\overline{DE}$　　⑤ $\overline{BC}=\overline{EF}$

13 오른쪽 그림에서 $\overline{OA}=\overline{OC}$, $\overline{AB}=\overline{CD}$이고 $\angle B=45°$일 때, $\angle D$의 크기는?

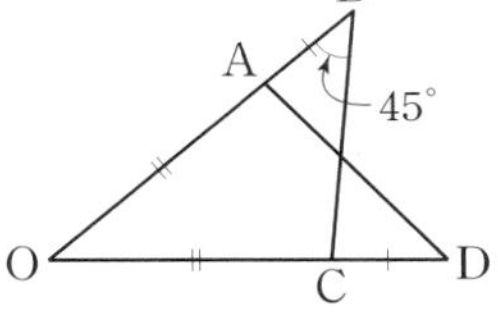

① $35°$　　② $40°$
③ $45°$　　④ $50°$
⑤ $55°$

4

다각형

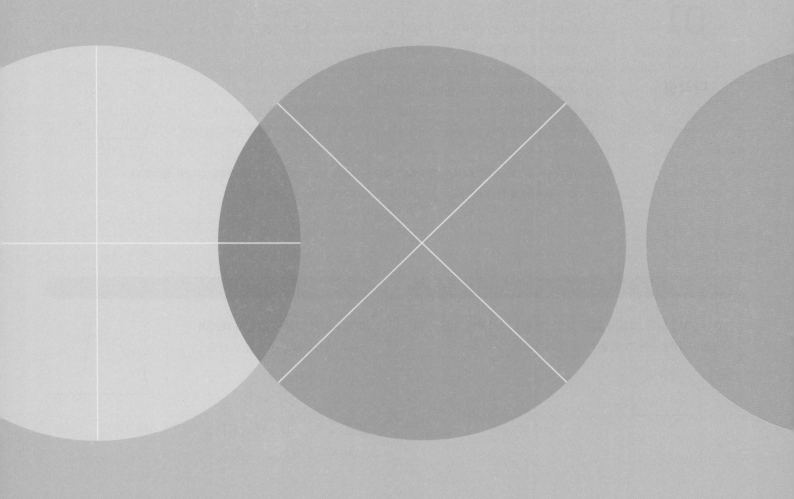

01 다각형

3개 이상의 선분으로 둘러싸인 평면도형을 다각형이라 하고, 선분의 개수가 3, 4, 5, …, n인 다각형을 각각 삼각형, 사각형, 오각형, …, n각형이라 한다.

(1) **변**: 다각형을 이루는 각 선분
(2) **꼭짓점**: 다각형의 변과 변이 만나는 점
(3) **내각**: 다각형의 이웃하는 두 변으로 이루어진 각 중에서 안쪽에 있는 각
(4) **외각**: 다각형의 각 꼭짓점에 이웃하는 두 변 중에서 한 변과 다른 한 변의 연장선이 이루는 각

참고 • 한 내각에 대한 외각은 2개이지만 맞꼭지각으로 그 크기가 서로 같으므로 하나만 생각한다.
• 다각형의 한 꼭짓점에서 (내각의 크기)+(외각의 크기)=180°이다.

정답과 해설 • **16**쪽

● **다각형**

[001~004] 다음 그림과 같은 도형 중에서 다각형인 것은 ○표, 다각형이 아닌 것은 ×표를 ( ) 안에 쓰시오.

001

(   )

002

(   )

003
(   )

004
(   )

● **다각형의 내각과 외각**

[005~007] 오른쪽 그림에 대하여 다음 □ 안에 알맞은 것을 쓰시오.

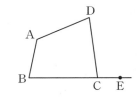

005 ∠A, ∠B, ∠C, ∠D는 사각형 ABCD의 □이고, ∠DCE는 ∠C의 □이다.

006 ∠BCD+∠DCE=□

007 다각형의 한 꼭짓점에서 내각의 크기와 외각의 크기의 합은 □이다.

[008~010] 다음 그림과 같은 다각형에서 ∠C의 외각을 표시하시오.

008

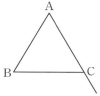

009

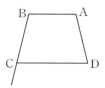

010

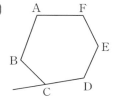

[011~012] 다음 그림과 같은 다각형에서 ∠A의 외각의 크기를 구하시오.

011

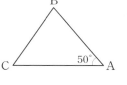

➡ (∠A의 외각의 크기)=180°−□=□

012

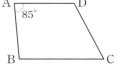

[013~017] 아래 그림과 같은 다각형 ABCDE에서 다음 각의 크기를 구하시오.

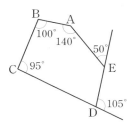

013 ∠A의 내각

014 ∠D의 내각

015 ∠E의 내각

016 ∠A의 외각

017 ∠B의 외각

02 정다각형

모든 변의 길이가 같고 모든 내각의 크기가 같은 다각형을 정다각형이라 하고, 변의 개수가 3, 4, 5, ⋯, n 인 정다각형을 각각 정삼각형, 정사각형, 정오각형, ⋯, 정n각형이라 한다.

정삼각형

정사각형

정오각형

⋯

주의 • 변의 길이가 모두 같아도 내각의 크기가 다르면 정다각형이 아니다.

예 ➡ 마름모: 내각의 크기가 다르다.

• 내각의 크기가 모두 같아도 변의 길이가 다르면 정다각형이 아니다.

예 ➡ 직사각형: 변의 길이가 다르다.

정답과 해설 • 16쪽

● 정다각형

[018~020] 다음 조건을 모두 만족시키는 다각형의 이름을 말하시오.

018
┌ 조건 ┐
㉮ 5개의 선분으로 둘러싸여 있다.
㉯ 모든 변의 길이가 같다.
㉰ 모든 내각의 크기가 같다.

019
┌ 조건 ┐
㉮ 크기가 모두 같은 4개의 내각을 가지고 있다.
㉯ 모든 변의 길이가 같다.

020
┌ 조건 ┐
㉮ 꼭짓점의 개수가 7이다.
㉯ 모든 변의 길이가 같고, 모든 내각의 크기가 같다.

[021~026] 다음 설명 중 옳은 것은 ○표, 옳지 않은 것은 ×표를 ( ) 안에 쓰시오.

021 정다각형은 모든 변의 길이가 같다. (   )

022 정다각형은 모든 내각의 크기가 같다. (   )

023 모든 변의 길이가 같으면 정다각형이다. (   )

024 세 변의 길이가 모두 같은 삼각형은 정삼각형이다.
(   )

025 네 변의 길이가 모두 같은 사각형은 정사각형이다.
(   )

026 네 내각의 크기가 모두 같은 사각형은 정사각형이다.
(   )

03 다각형의 대각선의 개수

(1) 대각선

　다각형에서 서로 이웃하지 않는 두 꼭짓점을 이은 선분

(2) 대각선의 개수

　① n각형의 한 꼭짓점에서 그을 수 있는 대각선의 개수

　　➡ $n-3$ → 꼭짓점 자신과 그와 이웃하는 두 꼭짓점을 제외한 곳에 그으므로 3을 뺀다.

　② n각형의 대각선의 개수

　꼭짓점의 개수 ┐　　┌ 한 꼭짓점에서 그을 수 있는 대각선의 개수

　　➡ $\dfrac{n(n-3)}{2}$

　　　　　└ 각 대각선을 두 번씩 중복하여 세었으므로 2로 나눈다.

대각선

정답과 해설 · **16**쪽

● **다각형의 대각선의 개수**　　　　　　　　　　　　　　　　　중요

027 다음 다각형의 꼭짓점 A에서 그을 수 있는 대각선을 모두 그리고, 표를 완성하시오.

다각형	꼭짓점의 개수	한 꼭짓점에서 그을 수 있는 대각선의 개수	대각선의 개수
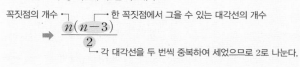 사각형	4	$4-3=1$	$\dfrac{4\times1}{2}=2$
오각형			
육각형			
칠각형			

[028~032] 다음 다각형에 대하여 한 꼭짓점에서 그을 수 있는 대각선의 개수와 대각선의 총개수를 차례로 구하시오.

028 팔각형

> 팔각형의 한 꼭짓점에서 그을 수 있는 대각선의 개수는
> $8 - \boxed{} = \boxed{}$
> 팔각형의 대각선의 총개수는 $\dfrac{8 \times \boxed{}}{2} = \boxed{}$

029 구각형

030 십각형

031 십이각형

032 이십각형

033 변의 개수가 15인 다각형의 대각선의 개수를 구하시오.

● **대각선의 개수가 주어질 때, 다각형 구하기** 중요

[034~039] 대각선의 개수가 다음과 같은 다각형의 이름을 말하시오.

034 9

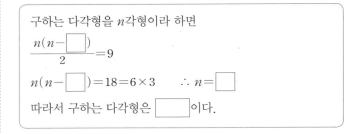

> 구하는 다각형을 n각형이라 하면
> $\dfrac{n(n-\boxed{})}{2} = 9$
> $n(n-\boxed{}) = 18 = 6 \times 3$ $\therefore n = \boxed{}$
> 따라서 구하는 다각형은 $\boxed{}$이다.

035 14

036 35

037 44

038 77

039 104

04

삼각형의 세 내각의 크기의 합

삼각형의 세 내각의 크기의 합은 180°이다.

➡ △ABC에서 ∠A+∠B+∠C=180°

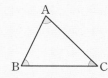

참고 · △ABC에서 ∠A, ∠B, ∠C를 △ABC의 세 내각이라 한다.
· 삼각형을 오려서 세 내각을 한 점에 모아 보면 세 내각의 크기의 합이 180°임
을 알 수 있다.

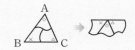

정답과 해설 · 17쪽

● **삼각형의 세 내각의 크기의 합**

[040~043] 다음 그림에서 ∠x의 크기를 구하시오.

040

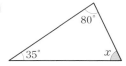

041

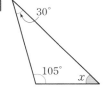

042

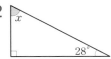

043

[044~047] 다음 그림에서 ∠x의 크기를 구하시오.

044

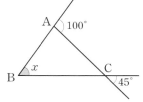

045

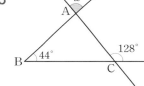

046

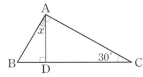

047

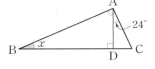

[048~051] 다음 그림에서 $\angle x$의 크기를 구하시오.

048

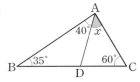

049

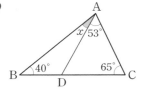

050

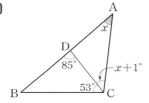

051

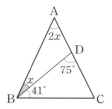

● **삼각형의 세 내각의 크기의 합의 활용**

[052~054] 다음 그림에서 $\angle x$의 크기를 구하시오.

052

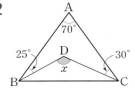

❶ $\angle DBC = \angle a$, $\angle DCB = \angle b$라 하면 △ABC에서
$70° + (25° + \angle a) + (30° + \angle b)$
$= \boxed{}$
∴ $\angle a + \angle b = \boxed{}$

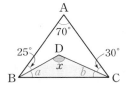

❷ △DBC에서 $\angle x + \angle a + \angle b = 180°$이므로
$\angle x + \boxed{} = 180°$ ∴ $\angle x = \boxed{}$

053

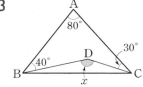

054

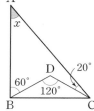

05

삼각형의 외각의 성질

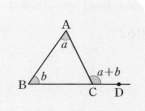

삼각형에서 한 외각의 크기는 그와 이웃하지 않는 두 내각의 크기의 합과 같다.

➡ △ABC에서

$\underbrace{\angle ACD}_{} = 180° - \angle C = \underbrace{\angle A + \angle B}_{}$

$\angle C$의 외각

$\angle ACD$와 이웃하지 않는 두 내각의 크기의 합

정답과 해설 • 18쪽

● 삼각형의 내각과 외각 사이의 관계 　중요

[055~058] 다음 그림에서 ∠x의 크기를 구하시오.

055

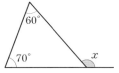

056

057

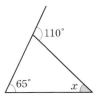

058

[059~061] 다음 그림에서 ∠x의 크기를 구하시오.

059

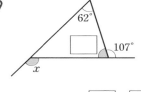

➡ ∠$x = 62° + \boxed{} = \boxed{}$

060

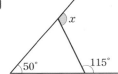

061

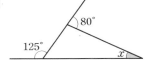

[062~064] 다음 그림에서 ∠x, ∠y의 크기를 각각 구하시오.

062

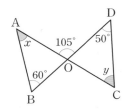

△ABO에서

∠$x+60°=105°$ ∴ ∠$x=$ ☐

△DOC에서

$50°+$∠$y=105°$ ∴ ∠$y=$ ☐

063

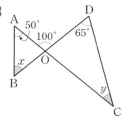

064

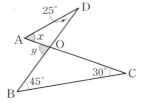

● 학교 시험 문제는 이렇게

065 오른쪽 그림과 같이 $\overline{AC}$와 $\overline{BD}$
의 교점을 O라 할 때, ∠x의 크기는?

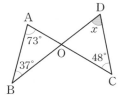

① 60°   ② 61°

③ 62°   ④ 63°

⑤ 64°

● 한 내각을 이등분한 삼각형에서 각의 크기 구하기

[066~069] 다음 그림에서 ∠BAD=∠CAD일 때, ∠x의 크기를 구하시오.

066

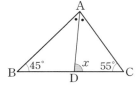

△ABC에서 ∠BAC=☐$-(45°+55°)=$☐

∴ ∠BAD=$\frac{1}{2}$∠BAC=☐

△ABD에서 ∠$x=$☐$+45°=$☐

067

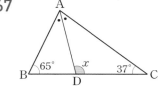

068

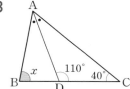

069

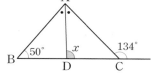

● 이등변삼각형의 성질을 이용하여 각의 크기 구하기 중요

[070~073] 다음 그림에서 ∠x의 크기를 구하시오.

070

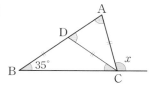

❶ △DBC는 이등변삼각형이므로

∠DCB = ∠DBC = ☐

∴ ∠CDA = 35° + ☐ = ☐

❷ △CAD는 이등변삼각형이므로

∠CAD = ∠CDA = ☐

❸ △ABC에서

∠x = 35° + ☐ = ☐

071

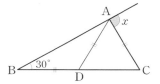

072

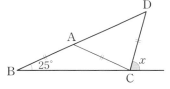

073

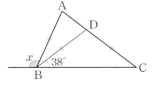

● 별 모양의 도형에서 각의 크기 구하기 중요

[074~077] 주어진 그림에서 다음을 구하시오.

074 ∠a + ∠b + ∠c + ∠d + ∠e의 크기

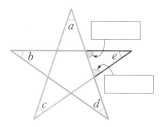

➡ ∠a + ∠b + ∠c + ∠d + ∠e = ☐

075 ∠x의 크기

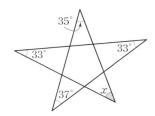

076 ∠x의 크기

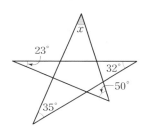

077 ∠x + ∠y의 크기

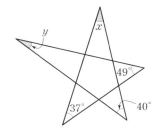

06

다각형의 내각의 크기의 합

(1) n각형의 한 꼭짓점에서 대각선을 모두 그었을 때 생기는 삼각형의 개수

➡ $n-2$

(2) n각형의 내각의 크기의 합

➡ $\underline{180° \times (n-2)}$
  └ 삼각형의 세 내각의 크기의 합

다각형	사각형	오각형	육각형	⋯	n각형
한 꼭짓점에서 대각선을 모두 그어 만들 수 있는 삼각형의 개수	$4-2=2$	$5-2=3$	$6-2=4$	⋯	$n-2$ (삼각형의 개수) =(꼭짓점의 개수)-2
내각의 크기의 합	$180° \times 2 = 360°$	$180° \times 3 = 540°$	$180° \times 4 = 720°$	⋯	$180° \times (n-2)$ 180°×(삼각형의 개수)

정답과 해설 • **20**쪽

● **다각형의 내각의 크기의 합**   중요

078 다음 표는 주어진 다각형의 내각의 크기의 합을 구하는 과정을 나타낸 것이다. 다각형의 꼭짓점 A에서 그을 수 있는 대각선을 모두 그리고, 표를 완성하시오.

다각형	칠각형	팔각형	구각형
한 꼭짓점에서 대각선을 모두 그어 만들 수 있는 삼각형의 개수	$7-\square=\square$		
내각의 크기의 합	$180° \times \square = \square$		

[079~081] 다음 다각형의 내각의 크기의 합을 구하시오.

079 십각형

080 십이각형

081 십오각형

[082~084] 내각의 크기의 합이 다음과 같은 다각형의 이름을 말하시오.

082 $1260°$

083 $1620°$

084 $2160°$

[085~089] 한 꼭짓점에서 그을 수 있는 대각선의 개수가 다음과
같은 다각형의 내각의 크기의 합을 구하시오.

085 3

086 8

087 10

088 15

089 18

● 다각형의 내각의 크기의 합을 이용하여 각의 크기 구하기 ^{중요}

[090~093] 다음 그림에서 ∠x의 크기를 구하시오.

090
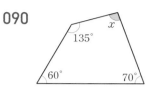

사각형의 내각의 크기의 합은

$180° \times (4-2) = $ ☐ 이므로

$135° + 60° + 70° + ∠x = $ ☐

∴ ∠$x = $ ☐

091
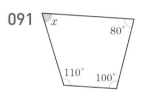

092
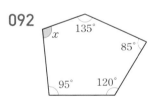

093
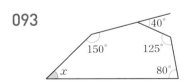

다각형의 외각의 크기의 합은 항상 $360°$이다. → 꼭짓점의 개수에 상관없이 항상 $360°$이다.

다각형	삼각형	사각형	오각형	...	n각형	
(내각의 크기의 합) +(외각의 크기의 합)	$180° \times 3$	$180° \times 4$	$180° \times 5$	...	$180° \times n$	→ ①
내각의 크기의 합	$180° \times (3-2)$	$180° \times (4-2)$	$180° \times (5-2)$	...	$180° \times (n-2)$	→ ②
외각의 크기의 합	$360°$	$360°$	$360°$	...	$360°$	→ ①-②

정답과 해설 • **21**쪽

● 다각형의 외각의 크기의 합

[094~097] 다음 다각형의 외각의 크기의 합을 구하시오.

094 칠각형

095 구각형

096 십육각형

097 이십사각형

● 다각형의 외각의 크기의 합을 이용하여
각의 크기 구하기

[098~104] 다음 그림에서 $\angle x$의 크기를 구하시오.

098

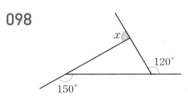

다각형의 외각의 크기의 합은 □이므로

$\angle x + 150° + 120° = $ □

∴ $\angle x = $ □

099

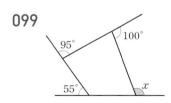

100

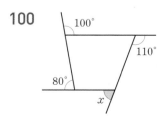

101

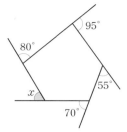

102

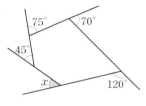

103

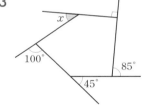

104

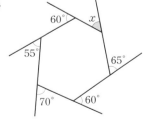

[105~108] 다음 그림에서 ∠x의 크기를 구하시오.

105

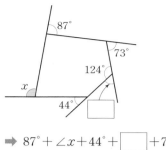

➡ $87° + ∠x + 44° + \boxed{} + 73° = 360°$

∴ ∠$x = \boxed{}$

106

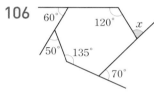

107

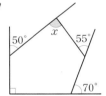

108

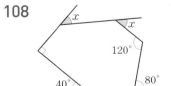

08 정다각형의 한 내각과 외각의 크기

(1) (정n각형의 한 내각의 크기)$=\dfrac{180°\times(n-2)}{n}$ → 내각의 크기의 합
→ 꼭짓점의 개수

(2) (정n각형의 한 외각의 크기)$=\dfrac{360°}{n}$ → 외각의 크기의 합
→ 꼭짓점의 개수

정답과 해설 • 21쪽

● **정다각형의 한 내각의 크기**

[109~113] 다음 정다각형의 한 내각의 크기를 구하시오.

109 정오각형

➡ $\dfrac{180°\times(\boxed{}-2)}{\boxed{}}=\boxed{}$

110 정구각형

111 정십각형

112 정십오각형

113 정이십각형

[114~117] 한 내각의 크기가 다음과 같은 정다각형의 이름을 말하시오.

114 120°

구하는 정다각형을 정n각형이라 하면
$\dfrac{180°\times(n-2)}{n}=120°$에서
$180°\times n-360°=120°\times n$
$60°\times n=\boxed{}$ ∴ $n=\boxed{}$
따라서 구하는 정다각형은 $\boxed{}$이다.

115 135°

116 150°

117 165°

🔖 **학교 시험 문제는 이렇게**

118 한 내각의 크기가 160°인 정다각형의 내각의 크기의 합을 구하시오.

● **정다각형의 한 외각의 크기**

[119~121] 다음 정다각형의 한 외각의 크기를 구하시오.

119 정십각형

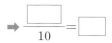

➡ $\dfrac{\boxed{}}{10}=\boxed{}$

120 정십오각형

121 정이십각형

[122~124] 한 외각의 크기가 다음과 같은 정다각형의 이름을 말하시오.

122 40°

123 30°

124 20°

● **한 내각의 크기와 한 외각의 크기의 비가 주어진 정다각형** 중요

[125~128] 한 내각의 크기와 한 외각의 크기의 비가 다음과 같은 정다각형의 이름을 말하시오.

125 3 : 2

> 한 내각의 크기와 한 외각의 크기의 합은 180°이므로
>
> (한 외각의 크기)$=180°\times\dfrac{\boxed{}}{3+2}=\boxed{}$
>
> 구하는 정다각형을 정n각형이라 하면
>
> $\dfrac{360°}{n}=\boxed{}$ $\quad$ $\therefore n=\boxed{}$
>
> 따라서 구하는 정다각형은 $\boxed{}$이다.

126 4 : 1

127 5 : 1

128 7 : 2

● **학교 시험 문제는 이렇게**

129 한 내각의 크기와 한 외각의 크기의 비가 13 : 2인 정다각형의 꼭짓점의 개수를 구하시오.

1 아래 그림과 같은 다각형 ABCDE에서 다음 각의 크기를 구하시오.

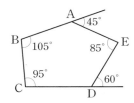

(1) ∠A의 내각

(2) ∠C의 외각

(3) ∠D의 내각

(4) ∠E의 외각

2 다음 다각형에 대하여 한 꼭짓점에서 그을 수 있는 대각선의 개수와 대각선의 총개수를 차례로 구하시오.

(1) 십삼각형

(2) 십오각형

(3) 십구각형

3 대각선의 개수가 다음과 같은 다각형의 이름을 말하시오.

(1) 5

(2) 20

(3) 54

4 다음 그림에서 ∠x의 크기를 구하시오.

(1)

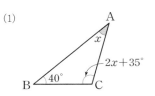

(2)

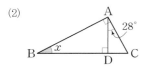

5 다음 그림에서 ∠x의 크기를 구하시오.

(1)

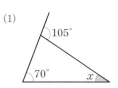

(2)

6 다음 그림에서 ∠x의 크기를 구하시오.

(1)

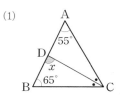

(2)

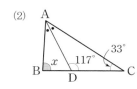

7 다음 그림에서 ∠x의 크기를 구하시오.

(1)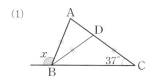

(2)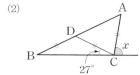

8 내각의 크기의 합이 다음과 같은 다각형의 이름을 말하시오.

(1) $540°$

(2) $1080°$

(3) $2520°$

9 다음 그림에서 ∠x의 크기를 구하시오.

(1)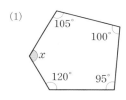

(2)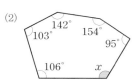

10 다음 다각형의 외각의 크기의 합을 구하시오.

(1) 팔각형

(2) 십일각형

(3) 이십각형

11 다음 그림에서 ∠x의 크기를 구하시오.

(1)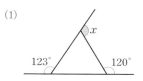

(2)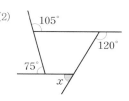

(3)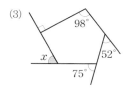

(4)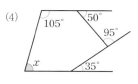

12 다음 정다각형의 한 내각의 크기와 한 외각의 크기를 차례로 구하시오.

(1) 정십이각형

(2) 정이십사각형

(3) 정삼십각형

13 다음을 구하시오.

(1) 한 내각의 크기가 $140°$인 정다각형

(2) 한 외각의 크기가 $15°$인 정다각형

1 다음 중 다각형인 것은?

① 원　　　　② 원기둥　　　　③ 삼각뿔

④ 마름모　　　⑤ 정육면체

2 다음 조건을 모두 만족시키는 다각형은?

┌─ 조건 ─────────────────────────┐
(개) 길이가 모두 같은 10개의 선분으로 둘러싸여 있다.
(내) 모든 내각의 크기가 같다.
└────────────────────────────────┘

① 오각형　　　② 정오각형　　　③ 구각형

④ 정십각형　　⑤ 십오각형

3 십사각형의 한 꼭짓점에서 그을 수 있는 대각선의 개수를 a, 이때 생기는 삼각형의 개수를 b라 할 때, $a+b$의 값을 구하시오.

4 한 꼭짓점에서 그을 수 있는 대각선의 개수가 13인 다각형의 대각선의 개수를 구하시오.

5 대각선의 개수가 65인 다각형의 변의 개수는?

① 10　　　　② 11　　　　③ 12

④ 13　　　　⑤ 14

6 오른쪽 그림과 같은 △ABC에서 $\angle x$의 크기는?

① 30°　　　② 31°

③ 32°　　　④ 33°

⑤ 34°

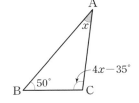

7 오른쪽 그림과 같은 △ABC에서 $\angle x$의 크기를 구하시오.

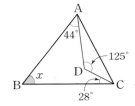

8 오른쪽 그림에서 $\angle x$의 크기를 구하시오.

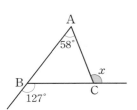

9 오른쪽 그림과 같은 △ABC에서 $\overline{AD}$는 ∠A의 이등분선일 때, ∠x의 크기는?

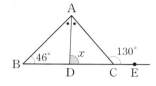

① 82°　　　② 84°　　　③ 86°

④ 88°　　　⑤ 90°

10 오른쪽 그림에서 $\overline{AB}=\overline{AC}=\overline{DC}$일 때, ∠DCE의 크기를 구하시오.

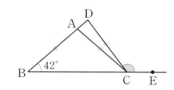

11 오른쪽 그림에서 ∠x의 크기를 구하시오.

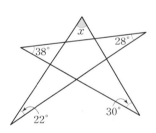

12 한 꼭짓점에서 그을 수 있는 대각선의 개수가 7인 다각형의 내각의 크기의 합은?

① 1260°　　　② 1440°　　　③ 1620°

④ 1800°　　　⑤ 1980°

13 오른쪽 그림에서 x의 값을 구하시오.

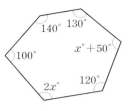

14 오른쪽 그림에서 ∠a+∠b의 크기는?

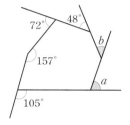

① 110°　　　② 112°

③ 114°　　　④ 116°

⑤ 118°

15 내각의 크기의 합이 1260°인 정다각형의 한 외각의 크기는?

① 25°　　　② 30°　　　③ 35°

④ 40°　　　⑤ 45°

16 한 내각의 크기와 한 외각의 크기의 비가 8 : 1인 정다각형의 이름을 말하시오.

5

원과 부채꼴

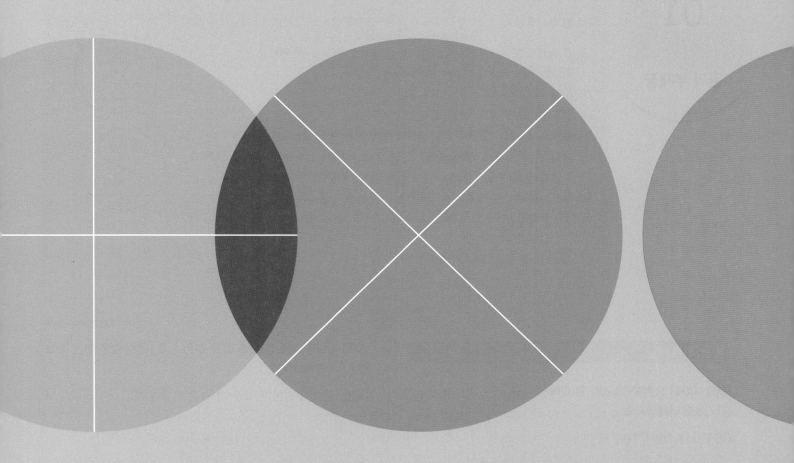

01

원과 부채꼴

(1) **원 O**: 평면 위의 한 점 O에서 일정한 거리에 있는 모든 점으로 이루어진 도형
  └ 원의 중심   └ 반지름

(2) **호 AB**: 원 위의 두 점 A, B를 양 끝 점으로 하는 원의 일부분

  기호 $\overarc{AB}$ → 일반적으로 길이가 짧은 쪽의 호를 나타낸다.

(3) **할선**: 원 위의 두 점을 지나는 직선

(4) **현 CD**: 원 위의 두 점 C, D를 이은 선분

(5) **부채꼴 AOB**: 원 O에서 호 AB와 두 반지름 OA, OB로 이루어진 도형

(6) **중심각**: 부채꼴 AOB에서 두 반지름 OA, OB가 이루는 각, 즉 ∠AOB를 호 AB에 대한 중심각 또는 부채꼴 AOB의 중심각이라 한다.

(7) **활꼴**: 원 O에서 현 CD와 호 CD로 이루어진 도형

참고 • 원의 중심을 지나는 현은 그 원의 지름이고, 원의 지름은 그 원에서 길이가 가장 긴 현이다.

  • 반원은 활꼴인 동시에 부채꼴이다.

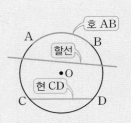

정답과 해설 • **26**쪽

● 원과 부채꼴

[001~004] 오른쪽 그림의 원 O에서 다음을 기호로 나타내시오.

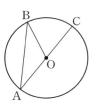

001 ∠AOB에 대한 호

002 ∠AOB에 대한 현

003 원 O의 가장 긴 현

004 $\overarc{BC}$에 대한 중심각

[005~008] 다음 설명 중 옳은 것은 ○표, 옳지 않은 것은 ×표를 ( ) 안에 쓰시오.

005 원에서 길이가 가장 긴 현은 지름이다. (   )

006 부채꼴은 두 반지름과 현으로 이루어진 도형이다.
(   )

007 할선은 원 위의 두 점을 지나는 선분이다. (   )

008 반원의 중심각의 크기는 180°이다. (   )

02

×

부채꼴의 중심각의 크기와 호의 길이

한 원 또는 합동인 두 원에서
(1) 중심각의 크기가 같은 두 부채꼴의 호의 길이는 같다.
(2) 호의 길이가 같은 두 부채꼴의 중심각의 크기는 같다.
(3) 부채꼴의 호의 길이는 중심각의 크기에 정비례한다.

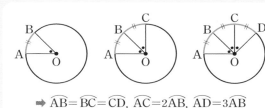

➡ $\widehat{AB}=\widehat{BC}=\widehat{CD}$, $\widehat{AC}=2\widehat{AB}$, $\widehat{AD}=3\widehat{AB}$

정답과 해설 • 26쪽

● 중심각의 크기와 호의 길이 　　[중요]

[009~010] 다음 그림의 원 O에서 x의 값을 구하시오.

009

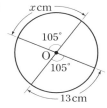

010

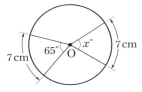

[011~012] 오른쪽 그림의 원 O에서 ∠AOB＝∠BOC＝∠COD＝∠DOE일 때, 다음 □ 안에 알맞은 수를 쓰시오.

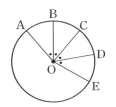

011 $\widehat{BD}=\boxed{}\widehat{CD}$

012 $\widehat{AE}=\boxed{}\widehat{BC}$

[013~016] 다음 그림의 원 O에서 x의 값을 구하시오.

013

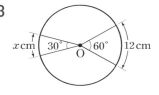

➡ $x:12=30°:\boxed{}$　　∴ $x=\boxed{}$

014

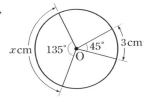

015

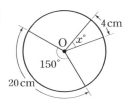

016

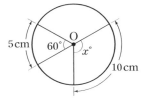

[017~020] 다음 그림의 원 O에서 x, y의 값을 각각 구하시오.

017

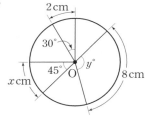

018

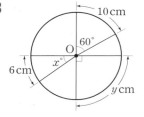

019

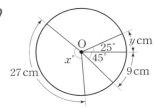

020

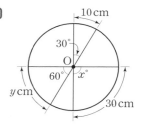

학교 시험 문제는 이렇게

021 오른쪽 그림의 원 O에서
∠AOB=50°이고 $\widehat{AB}$: $\widehat{BC}$=2 : 3
일 때, ∠BOC의 크기를 구하시오.

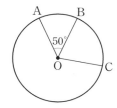

● 평행선의 성질을 이용하여 호의 길이 구하기

[022~024] 아래 그림의 원 O에서 $\overline{AB}$는 원 O의 지름이다.
$\overline{AB}$∥$\overline{CD}$일 때, 다음을 구하시오.

022 $\widehat{CD}$의 길이

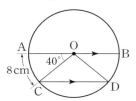

❶ $\overline{AB}$∥$\overline{CD}$이므로

∠OCD=☐ (엇각)

❷ △OCD가 $\overline{OC}$=$\overline{OD}$인 이등변
삼각형이므로

∠ODC=∠OCD=☐

❸ △OCD에서

∠COD=180°−(☐+☐)=☐

❹ 부채꼴의 호의 길이는 중심각의 크기에 정비례하므로

8 : $\widehat{CD}$=☐ : ☐

∴ $\widehat{CD}$=☐ (cm)

023 $\widehat{CD}$의 길이

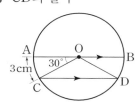

024 $\widehat{AC}$의 길이

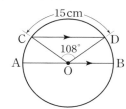

03

부채꼴의 중심각의 크기와 넓이

한 원 또는 합동인 두 원에서
(1) 중심각의 크기가 같은 두 부채꼴의 넓이는 같다.
(2) 넓이가 같은 두 부채꼴의 중심각의 크기는 같다.
(3) 부채꼴의 넓이는 중심각의 크기에 정비례한다.

➡ 한 원에서 부채꼴의 중심각의 크기가 2배, 3배, …가 되면 부채꼴의 넓이도 각각 2배, 3배, …가 된다.

정답과 해설 • **27**쪽

● **중심각의 크기와 부채꼴의 넓이**

[025~026] 다음 그림의 원 O에서 x의 값을 구하시오.

025

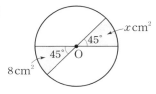

026

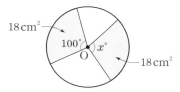

[027~031] 다음 그림의 원 O에서 x의 값을 구하시오.

027

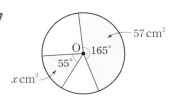

➡ $x : 57 = 55° : \boxed{}$ ∴ $x = \boxed{}$

028

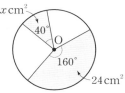

029

030

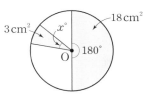

031

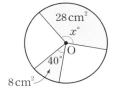

04

부채꼴의 중심각의 크기와 현의 길이

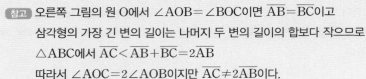

한 원 또는 합동인 두 원에서

(1) 크기가 같은 중심각에 대한 현의 길이는 같다.

(2) 길이가 같은 두 현의 중심각의 크기는 같다.

(3) 현의 길이는 중심각의 크기에 정비례하지 않는다.

> [참고] 오른쪽 그림의 원 O에서 ∠AOB＝∠BOC이면 $\overline{AB}=\overline{BC}$이고
>
> 삼각형의 가장 긴 변의 길이는 나머지 두 변의 길이의 합보다 작으므로
>
> △ABC에서 $\overline{AC}<\overline{AB}+\overline{BC}=2\overline{AB}$
>
> 따라서 ∠AOC＝2∠AOB이지만 $\overline{AC}\neq2\overline{AB}$이다.

정답과 해설 • **27**쪽

● 중심각의 크기와 현의 길이

[032~033] 다음 그림의 원 O에서 x의 값을 구하시오.

032

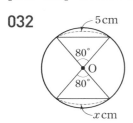

033

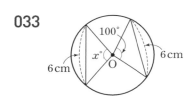

[034~036] 오른쪽 그림의 원 O에서 ∠AOB＝∠BOC일 때, 다음 ○ 안에 ＞, ＝, ＜ 중 알맞은 것을 쓰시오.

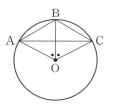

034 $\overline{AB}$ ◯ $\overline{BC}$

035 $\widehat{AC}$ ◯ $2\widehat{AB}$

036 $\overline{AC}$ ◯ $2\overline{AB}$

● 중심각의 크기와 호의 길이, 현의 길이, 부채꼴의 넓이 사이의 관계 [중요]

[037~041] 한 원 또는 합동인 두 원에서 다음 설명 중 옳은 것은 ○표, 옳지 않은 것은 ✕표를 ( ) 안에 쓰시오.

037 호의 길이는 중심각의 크기에 정비례한다. ( )

038 현의 길이는 중심각의 크기에 정비례한다. ( )

039 부채꼴의 넓이는 중심각의 크기에 정비례한다.

( )

040 중심각의 크기가 같으면 현의 길이가 같다. ( )

041 중심각의 크기가 같은 두 부채꼴의 호의 길이는 같다.

( )

05

원의 둘레의 길이와 넓이

(1) 원주율: 원의 지름의 길이에 대한 원의 둘레의 길이의 비의 값 [기호] $\pi \rightarrow$ '파이'라 읽는다.

➡ (원주율) $= \dfrac{(원의\ 둘레의\ 길이)}{(원의\ 지름의\ 길이)} = \pi$

[참고] 원주율 π의 값은 $3.1415926535\cdots$와 같이 소수점 아래 숫자가 한없이 계속된다.

(2) 원의 둘레의 길이와 넓이

반지름의 길이가 r인 원의 둘레의 길이를 l, 넓이를 S라 하면

➡ $l = 2 \times (반지름의\ 길이) \times (원주율) = 2\pi r$

$S = (반지름의\ 길이)^2 \times (원주율) = \pi r^2$

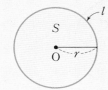

정답과 해설 · **27**쪽

● 원의 둘레의 길이

[042~044] 다음 그림과 같은 원 O의 둘레의 길이를 구하시오.

042

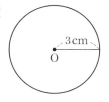

3 cm

➡ (원 O의 둘레의 길이) $=2\pi \times \boxed{} = \boxed{}$ (cm)

043

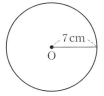

7 cm

044

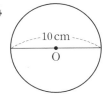

10 cm

● 원의 넓이

[045~047] 다음 그림과 같은 원 O의 넓이를 구하시오.

045

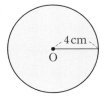

4 cm

➡ (원 O의 넓이) $=\pi \times \boxed{}^2 = \boxed{}$ (cm^2)

046

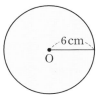

6 cm

047

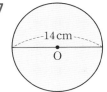

14 cm

● 원의 색칠한 부분의 둘레의 길이와 넓이 **중요**
구하기

[048~053] 다음 그림에서 색칠한 부분의 둘레의 길이와 넓이를
각각 구하시오.

048

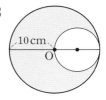

(1) 둘레의 길이

❶ $2\pi \times \boxed{} = \boxed{}$ (cm)

❷ $2\pi \times \boxed{} = \boxed{}$ (cm)

➡ (색칠한 부분의 둘레의 길이)

$= \boxed{}$ (cm)

(2) 넓이

(색칠한 부분의 넓이)

= (큰 원의 넓이) − (작은 원의 넓이)

$= \pi \times \boxed{}^2 - \pi \times \boxed{}^2 = \boxed{}$ (cm²)

049

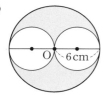

(1) 둘레의 길이

(2) 넓이

050

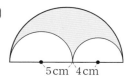

(1) 둘레의 길이

(2) 넓이

051

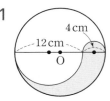

(1) 둘레의 길이

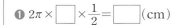

❶ $2\pi \times \boxed{} \times \dfrac{1}{2} = \boxed{}$ (cm)

❷ $2\pi \times \boxed{} \times \dfrac{1}{2} = \boxed{}$ (cm)

❸ $2\pi \times \boxed{} \times \dfrac{1}{2} = \boxed{}$ (cm)

➡ (색칠한 부분의 둘레의 길이) = $\boxed{}$ (cm)

(2) 넓이

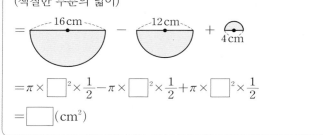

(색칠한 부분의 넓이)

$= \pi \times \boxed{}^2 \times \dfrac{1}{2} - \pi \times \boxed{}^2 \times \dfrac{1}{2} + \pi \times \boxed{}^2 \times \dfrac{1}{2}$

$= \boxed{}$ (cm²)

052

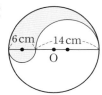

(1) 둘레의 길이

(2) 넓이

053

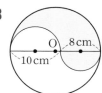

(1) 둘레의 길이

(2) 넓이

06

부채꼴의 호의 길이와 넓이

(1) 부채꼴의 호의 길이와 넓이

반지름의 길이가 r, 중심각의 크기가 $x°$인 부채꼴의 호의 길이를 l, 넓이를 S라 하면

➡ $l =$ (반지름의 길이가 r인 원의 둘레의 길이) $\times \dfrac{x}{360} = 2\pi r \times \dfrac{x}{360}$

$S =$ (반지름의 길이가 r인 원의 넓이) $\times \dfrac{x}{360} = \pi r^2 \times \dfrac{x}{360}$

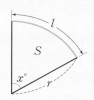

(2) 호의 길이를 알 때, 부채꼴의 넓이 구하기

반지름의 길이가 r, 호의 길이가 l인 부채꼴의 넓이를 S라 하면

➡ $S = \dfrac{1}{2}rl$ ── 중심각의 크기가 주어지지 않은 부채꼴의 넓이를 구할 때 이용한다.

참고 $S = \pi r^2 \times \dfrac{x}{360} = \dfrac{1}{2} \times r \times \left(2\pi r \times \dfrac{x}{360}\right) = \dfrac{1}{2}rl$

정답과 해설 • **28**쪽

● 부채꼴의 호의 길이

[054~056] 다음 부채꼴의 호의 길이를 구하시오.

054

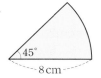

➡ (부채꼴의 호의 길이)$=2\pi \times \boxed{} \times \dfrac{\boxed{}}{360}$

$= \boxed{} \ (\text{cm})$

055

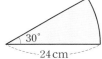

056

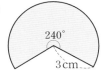

● 부채꼴의 넓이

[057~059] 다음 부채꼴의 넓이를 구하시오.

057

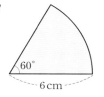

➡ (부채꼴의 넓이)$=\pi \times \boxed{}^2 \times \dfrac{\boxed{}}{360} = \boxed{} \ (\text{cm}^2)$

058

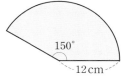

059

● 호의 길이가 주어질 때, 중심각의 크기와 반지름의 길이 구하기

[060~062] 다음 부채꼴의 중심각의 크기를 구하시오.

060

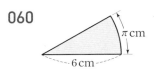

> 부채꼴의 중심각의 크기를 $x°$라 하면
>
> $2\pi \times \boxed{} \times \dfrac{x}{360} = \boxed{}$ ∴ $x = \boxed{}$
>
> 따라서 부채꼴의 중심각의 크기는 $\boxed{}$이다.

061 반지름의 길이가 14 cm, 호의 길이가 7π cm인 부채꼴

062 반지름의 길이가 15 cm, 호의 길이가 18π cm인 부채꼴

[063~065] 다음 부채꼴의 반지름의 길이를 구하시오.

063

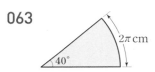

> 부채꼴의 반지름의 길이를 r cm라 하면
>
> $2\pi \times r \times \dfrac{\boxed{}}{360} = 2\pi$ ∴ $r = \boxed{}$
>
> 따라서 부채꼴의 반지름의 길이는 $\boxed{}$ cm이다.

064 중심각의 크기가 120°, 호의 길이가 8π cm인 부채꼴

065 중심각의 크기가 60°, 호의 길이가 π cm인 부채꼴

● 넓이가 주어질 때, 중심각의 크기와 반지름의 길이 구하기

[066~068] 다음 부채꼴의 중심각의 크기를 구하시오.

066

> 부채꼴의 중심각의 크기를 $x°$라 하면
>
> $\pi \times \boxed{}^2 \times \dfrac{x}{360} = \boxed{}$ ∴ $x = \boxed{}$
>
> 따라서 부채꼴의 중심각의 크기는 $\boxed{}$이다.

067 반지름의 길이가 12 cm, 넓이가 60π cm²인 부채꼴

068 반지름의 길이가 6 cm, 넓이가 16π cm²인 부채꼴

[069~071] 다음 부채꼴의 반지름의 길이를 구하시오.

069

> 부채꼴의 반지름의 길이를 r cm라 하면
>
> $\pi \times r^2 \times \dfrac{\boxed{}}{360} = 6\pi$, $r^2 = \boxed{}$
>
> 이때 $r > 0$이므로 $r = \boxed{}$
>
> 따라서 부채꼴의 반지름의 길이는 $\boxed{}$ cm이다.

070 중심각의 크기가 120°, 넓이가 27π cm²인 부채꼴

071 중심각의 크기가 210°, 넓이가 84π cm²인 부채꼴

● 호의 길이를 알 때, 부채꼴의 넓이 구하기

[072~075] 다음 부채꼴의 넓이를 구하시오.

072

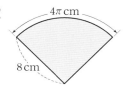

➡ (부채꼴의 넓이)$=\dfrac{1}{2}\times 8\times$ ⬜ $=$ ⬜ (cm²)

073

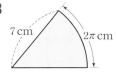

074

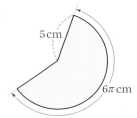

075

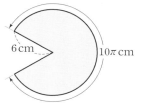

[076~078] 어떤 부채꼴에 대하여 다음과 같은 조건이 주어졌을 때, 표를 완성하시오.

076

	반지름의 길이	호의 길이	부채꼴의 넓이
(1)	6 cm	2π cm	
(2)	8 cm	4π cm	
(3)	10 cm	5π cm	

077

	반지름의 길이	호의 길이	부채꼴의 넓이
(1)		3π cm	12π cm²
(2)		6π cm	36π cm²
(3)		7π cm	49π cm²

078

	반지름의 길이	호의 길이	부채꼴의 넓이
(1)	4 cm		8π cm²
(2)	7 cm		14π cm²
(3)	10 cm		30π cm²

🔎 학교 시험 문제는 이렇게

079 오른쪽 그림과 같이 호의 길이가 4π cm이고 넓이가 12π cm²인 부채꼴의 중심각의 크기를 구하시오.

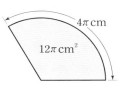

082

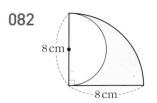

● 부채꼴의 색칠한 부분의 둘레의 길이와 넓이 구하기 　중요

[080~087] 다음 그림에서 색칠한 부분의 둘레의 길이와 넓이를
각각 구하시오.

080

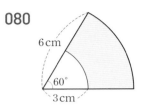

(1) 둘레의 길이

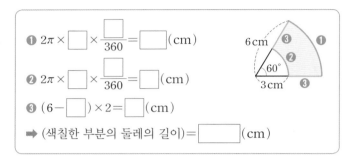

❶ $2\pi \times \boxed{} \times \dfrac{\boxed{}}{360} = \boxed{}$ (cm)

❷ $2\pi \times \boxed{} \times \dfrac{\boxed{}}{360} = \boxed{}$ (cm)

❸ $(6 - \boxed{}) \times 2 = \boxed{}$ (cm)

➡ (색칠한 부분의 둘레의 길이) $= \boxed{}$ (cm)

(2) 넓이

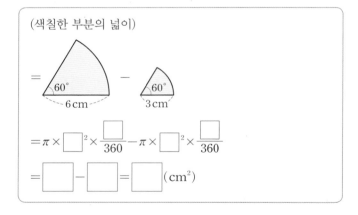

(색칠한 부분의 넓이)

$= \pi \times \boxed{}^2 \times \dfrac{\boxed{}}{360} - \pi \times \boxed{}^2 \times \dfrac{\boxed{}}{360}$

$= \boxed{} - \boxed{} = \boxed{}$ (cm²)

081

(1) 둘레의 길이

(2) 넓이

(1) 둘레의 길이

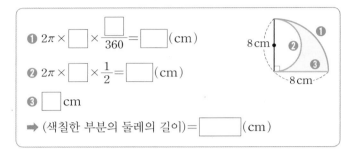

❶ $2\pi \times \boxed{} \times \dfrac{\boxed{}}{360} = \boxed{}$ (cm)

❷ $2\pi \times \boxed{} \times \dfrac{1}{2} = \boxed{}$ (cm)

❸ $\boxed{}$ cm

➡ (색칠한 부분의 둘레의 길이) $= \boxed{}$ (cm)

(2) 넓이

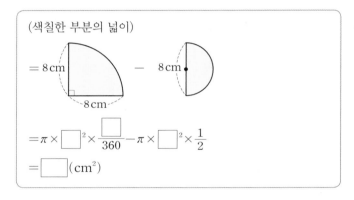

(색칠한 부분의 넓이)

$= \pi \times \boxed{}^2 \times \dfrac{\boxed{}}{360} - \pi \times \boxed{}^2 \times \dfrac{1}{2}$

$= \boxed{}$ (cm²)

083

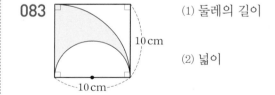

(1) 둘레의 길이

(2) 넓이

084

(1) 둘레의 길이

> ❶ $2\pi \times \boxed{} \times \dfrac{\boxed{}}{360} = \boxed{}$ (cm)
>
> ➡ (색칠한 부분의 둘레의 길이)
>
> $= \boxed{} \times 2 = \boxed{}$ (cm)

(2) 넓이

> (색칠한 부분의 넓이)
>
> $= \left(\begin{array}{c} \\ \end{array} - \begin{array}{c} \\ \end{array} \right) \times 2$
>
> $= \left(\pi \times \boxed{}^2 \times \dfrac{\boxed{}}{360} - \dfrac{1}{2} \times 8 \times \boxed{} \right) \times 2$
>
> $= \boxed{}$ (cm²)

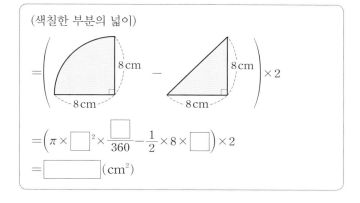

085

(1) 둘레의 길이

(2) 넓이

086

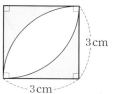

(1) 둘레의 길이

(2) 넓이

087

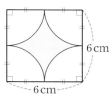

(1) 둘레의 길이

(2) 넓이

1 다음 그림의 원 O에서 x의 값을 구하시오.

(1)
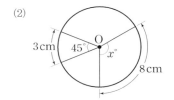

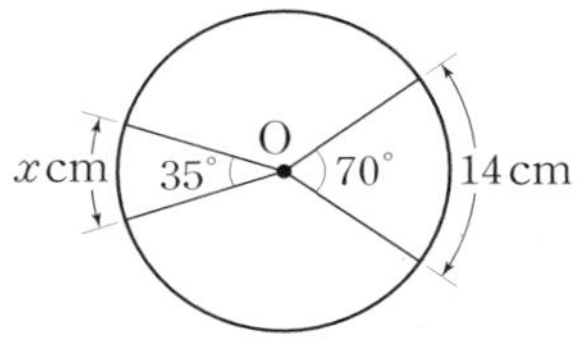

(2)
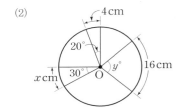

2 다음 그림의 원 O에서 x, y의 값을 각각 구하시오.

(1)
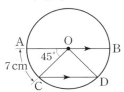

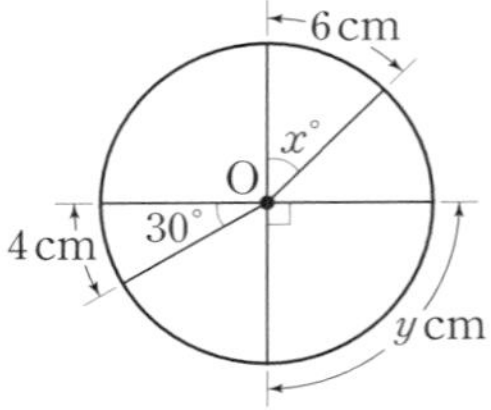

(2)
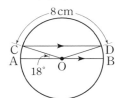

3 아래 그림의 원 O에서 $\overline{AB}$는 원 O의 지름이다. $\overline{AB} /\!/ \overline{CD}$일 때, 다음을 구하시오.

(1) $\overparen{CD}$의 길이
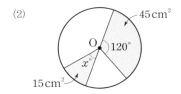

(2) $\overparen{AC}$의 길이
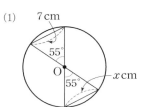

4 다음 그림의 원 O에서 x의 값을 구하시오.

(1)
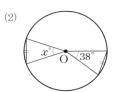

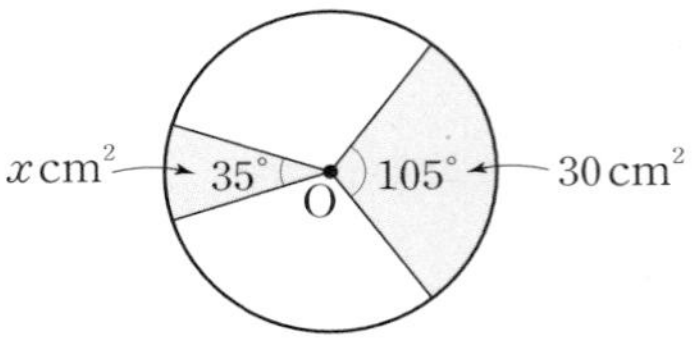

(2)
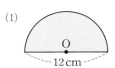

5 다음 그림의 원 O에서 x의 값을 구하시오.

(1)
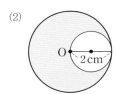

(2)

6 다음 그림에서 색칠한 부분의 둘레의 길이와 넓이를 차례로 구하시오.

(1)

(2)

7 다음 부채꼴의 호의 길이와 넓이를 차례로 구하시오.

(1)
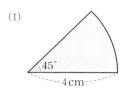

(2)
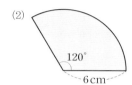

8 다음 부채꼴의 중심각의 크기를 구하시오.

(1)
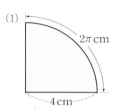

(2)
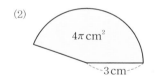

9 다음 부채꼴의 반지름의 길이를 구하시오.

(1)
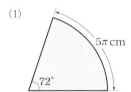

(2)
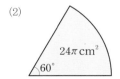

10 다음 부채꼴의 넓이를 구하시오.

(1)
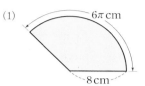

(2)
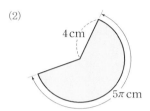

11 다음 그림에서 색칠한 부분의 둘레의 길이를 구하시오.

(1)
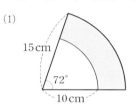

(2)
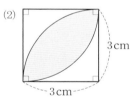

12 다음 그림에서 색칠한 부분의 넓이를 구하시오.

(1)
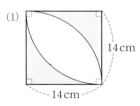

(2)
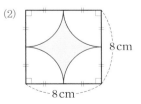

1 다음 중 오른쪽 그림의 원 O에 대한 설명으로 옳지 <u>않은</u> 것을 모두 고르면? (정답 2개)

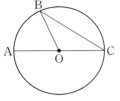

① 부채꼴 BOC의 중심각은 ∠BOC이다.

② $\overline{BC}$와 $\overparen{BC}$로 이루어진 도형은 활꼴이다.

③ $\overline{AC}$는 길이가 가장 짧은 현이다.

④ ∠AOB에 대한 호는 $\overline{AB}$이다.

⑤ $\overparen{AB}$와 두 반지름 OA, OB로 둘러싸인 도형은 부채꼴이다.

2 오른쪽 그림의 원 O에서 x, y의 값을 각각 구하면?

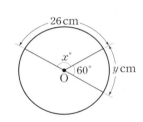

① $x=100$, $y=10$

② $x=100$, $y=13$

③ $x=120$, $y=10$

④ $x=120$, $y=13$

⑤ $x=130$, $y=13$

3 오른쪽 그림의 원 O에서 $\overline{AB} /\!/ \overline{CD}$이고 ∠AOB$=130°$, $\overparen{AB}=26\,cm$일 때, $\overparen{AC}$의 길이를 구하시오.

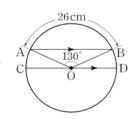

4 오른쪽 그림의 원 O에서 $x+y$의 값은?

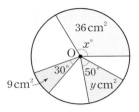

① 115 ② 120

③ 125 ④ 130

⑤ 135

5 한 원 또는 합동인 두 원에서 다음 중 옳지 <u>않은</u> 것은?

① 같은 길이의 호에 대한 중심각의 크기는 같다.

② 같은 길이의 현에 대한 중심각의 크기는 같다.

③ 같은 넓이의 부채꼴에 대한 중심각의 크기는 같다.

④ 호의 길이는 중심각의 크기에 정비례한다.

⑤ 현의 길이는 호의 길이에 정비례한다.

6 오른쪽 그림에서 색칠한 부분의 둘레의 길이와 넓이를 차례로 구하시오.

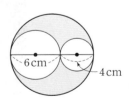

7 둘레의 길이가 18π cm인 원의 넓이는?

① 80π cm² ② 81π cm² ③ 82π cm²

④ 83π cm² ⑤ 84π cm²

8 오른쪽 그림에서 색칠한 부분의 둘레의 길이와 넓이를 차례로 구하시오.

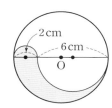

9 오른쪽 그림과 같이 반지름의 길이가 12 cm이고 중심각의 크기가 210°인 부채꼴의 호의 길이와 넓이를 차례로 구하면?

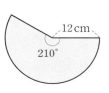

① 14π cm, 82π cm² ② 14π cm, 84π cm²

③ 15π cm, 82π cm² ④ 15π cm, 84π cm²

⑤ 16π cm, 84π cm²

10 반지름의 길이가 8 cm이고 넓이가 48π cm²인 부채꼴의 중심각의 크기는?

① 180° ② 210° ③ 240°

④ 270° ⑤ 300°

11 반지름의 길이가 6 cm이고 넓이가 27π cm²인 부채꼴의 호의 길이는?

① 7π cm ② 8π cm ③ 9π cm

④ 10π cm ⑤ 11π cm

12 오른쪽 그림에서 색칠한 부분의 둘레의 길이를 구하시오.

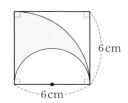

13 오른쪽 그림에서 색칠한 부분의 넓이를 구하시오.

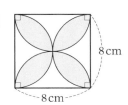

6

다면체와 회전체

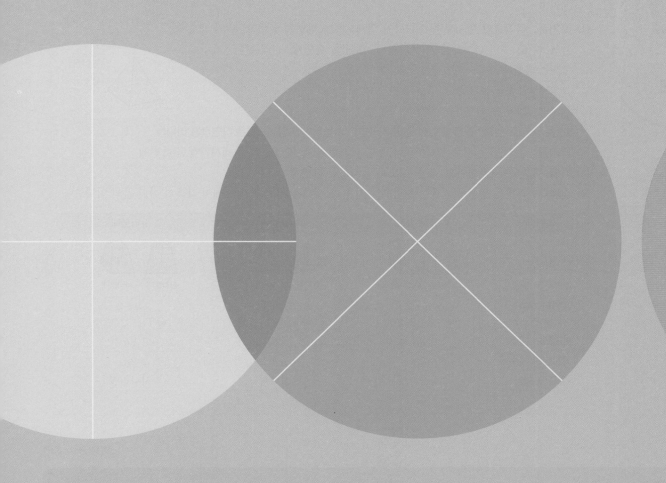

다면체

(1) 다면체: 다각형인 면으로만 둘러싸인 입체도형을 다면체라 하고, 면의 개수가 4, 5, 6, …인 다면체를 각각 사면체, 오면체, 육면체, …라 한다.

① 면: 다면체를 둘러싸고 있는 다각형

② 모서리: 면을 이루는 다각형의 변

③ 꼭짓점: 면을 이루는 다각형의 꼭짓점

주의 원기둥, 원뿔, 구 등과 같이 원이나 곡면으로 둘러싸인 입체도형은 다면체가 아니다.

(2) 각기둥: 두 밑면은 서로 평행하고 합동인 다각형이며, 옆면은 모두 직사각형인 다면체

(3) 각뿔: 밑면은 다각형이고, 옆면은 모두 삼각형인 다면체

(4) 각뿔대: 각뿔을 밑면에 평행한 평면으로 자를 때 생기는 두 다면체 중에서 각뿔이 아닌 쪽의 입체도형

다면체	n각기둥	n각뿔	n각뿔대
겨냥도	삼각기둥　사각기둥　⋯	삼각뿔　사각뿔　⋯	삼각뿔대　사각뿔대　⋯
면의 개수 ➡ 몇 면체?	$n+2$ ➡ $(n+2)$면체	$n+1$ ➡ $(n+1)$면체	$n+2$ ➡ $(n+2)$면체
모서리의 개수	$3n$	$2n$	$3n$
꼭짓점의 개수	$2n$	$n+1$	$2n$
옆면의 모양	직사각형	삼각형	사다리꼴

정답과 해설 • **33**쪽

● **다면체**

[001~002] 아래 보기에 대하여 다음 물음에 답하시오.

보기

 ㄱ.　 ㄴ.　 ㄷ.　 ㄹ.　 ㅁ.　 ㅂ.

001 다면체를 모두 고르시오.

002 **001**에서 고른 다면체는 각각 몇 면체인지 말하시오.

● 다면체의 면, 모서리, 꼭짓점의 개수 중요

003 다음 다면체를 보고 표를 완성하시오.

다면체	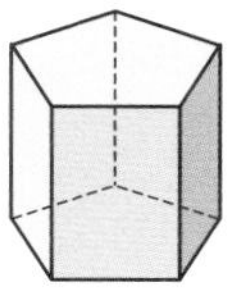	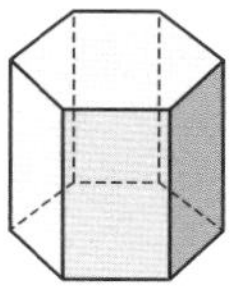	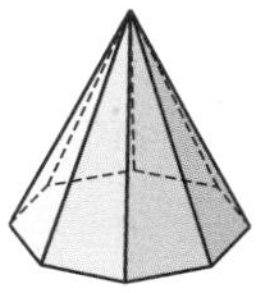	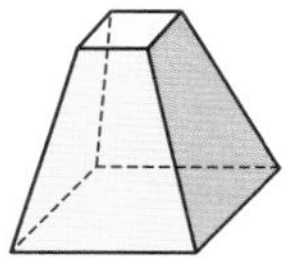
이름	오각기둥			
면의 개수	7			
모서리의 개수	15			
꼭짓점의 개수	10			
옆면의 모양	직사각형			

[004~006] 다음 입체도형은 몇 면체인지 말하시오.

004 사각기둥

005 구각뿔

006 칠각뿔대

[007~009] 다음 입체도형의 옆면의 모양을 말하시오.

007 칠각기둥

008 오각뿔

009 구각뿔대

[010~012] 다음 입체도형의 꼭짓점의 개수와 모서리의 개수를 차례로 구하시오.

010 팔각기둥

011 십각뿔

012 육각뿔대

● 주어진 조건을 만족시키는 다면체 구하기 중요

[013~015] 다음 조건을 모두 만족시키는 다면체의 이름을 말하시오.

013
조건
(가) 두 밑면이 서로 평행하고 합동이다.
(나) 옆면의 모양이 직사각형이다.
(다) 밑면의 모양이 구각형이다.

014
조건
(가) 밑면의 개수는 1이다.
(나) 옆면의 모양이 삼각형이다.
(다) 꼭짓점의 개수는 7이다.

015
조건
(가) 두 밑면이 서로 평행하다.
(나) 옆면의 모양이 직사각형이 아닌 사다리꼴이다.
(다) 모서리의 개수는 15이다.

02 · 정다면체

(1) 정다면체: 다음 조건을 모두 만족시키는 다면체를 정다면체라 한다.

① 모든 면이 합동인 정다각형이다.

② 각 꼭짓점에 모인 면의 개수가 같다.

주의 위의 두 조건 중 어느 한 가지만 만족시키는 다면체는 정다면체가 아니다.

(2) 정다면체의 종류

정다면체는 다음의 다섯 가지뿐이다.

| 정사면체 | 정육면체 | 정팔면체 | 정십이면체 | 정이십면체 |

참고 **정다면체가 다섯 가지뿐인 이유**

정다면체는 입체도형이므로

① 한 꼭짓점에 모인 면이 3개 이상이어야 한다.

② 한 꼭짓점에 모인 각의 크기의 합은 360°보다 작아야 한다.

→ 정육각형, 정칠각형, …은 한 꼭짓점에 모인 면이 3개 이상이면 그 꼭짓점에 모인 각의 크기의 합이 360°보다 크거나 같다.

따라서 정다면체의 면이 될 수 있는 다각형은 정삼각형, 정사각형, 정오각형뿐이고, 만들 수 있는 정다면체는 다음과 같다.

면의 모양	정삼각형			정사각형	정오각형
한 꼭짓점에 모인 면의 개수	3	4	5	3	3
정다면체의 이름	정사면체	정팔면체	정이십면체	정육면체	정십이면체

정답과 해설 • **33**쪽

● 정다면체

016 다음 표를 완성하시오.

정다면체	정사면체	정육면체	정팔면체	정십이면체	정이십면체
면의 모양	정삼각형				
한 꼭짓점에 모인 면의 개수	3				
면의 개수	4				
모서리의 개수	6				
꼭짓점의 개수	4				

● 정다면체의 성질 　　　중요

[017~021] 다음 중 정다면체에 대한 설명으로 옳은 것은 ○표, 옳지 <u>않은</u> 것은 ×표를 ( ) 안에 쓰시오.

017 정다면체의 각 면은 모두 합동이고, 면의 모양은 모두 정다각형이다. 　　　　　　　　　　　(　)

018 정다면체의 종류는 무수히 많다. 　　(　)

019 정다면체의 한 면이 될 수 있는 다각형은 정삼각형, 정사각형, 정오각형이다. 　　　　　　　　(　)

020 정다면체는 각 꼭짓점에 모인 면의 개수가 같다. 　　　　　　　　　　　　　　　　(　)

021 한 꼭짓점에 모인 각의 크기의 합이 360°보다 크다. 　　　　　　　　　　　　　　　　(　)

● 정다면체의 분류

[022~025] 다음 조건을 만족시키는 정다면체를 보기에서 모두 고르시오.

┌ 보기 ┌
ㄱ. 정사면체　　　ㄴ. 정육면체　　　ㄷ. 정팔면체
ㄹ. 정십이면체　　ㅁ. 정이십면체

022 면의 모양이 정삼각형인 정다면체

023 면의 모양이 정오각형인 정다면체

024 각 꼭짓점에 모인 면의 개수가 3인 정다면체

025 각 꼭짓점에 모인 면의 개수가 5인 정다면체

　학교 시험 문제는 이렇게

026 다음 조건을 모두 만족시키는 입체도형의 이름을 말하시오.

┌ 조건 ┌
(가) 다면체이다.
(나) 각 면이 모두 합동인 정삼각형이다.
(다) 각 꼭짓점에 모인 면의 개수가 4이다.

03
정다면체의 전개도

정다면체	정사면체	정육면체	정팔면체	정십이면체	정이십면체
겨냥도	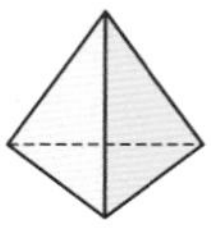	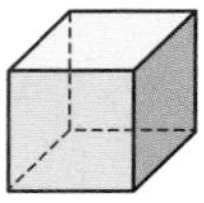	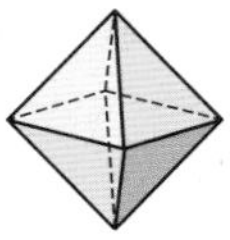	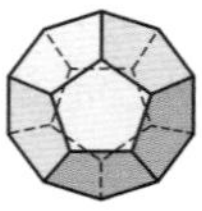	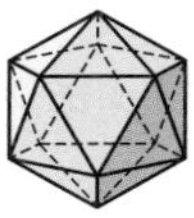
전개도	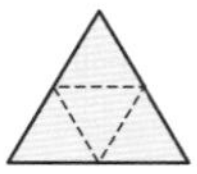	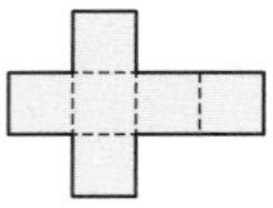	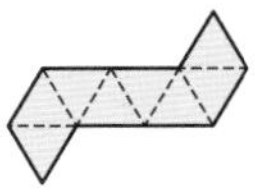	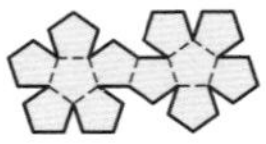	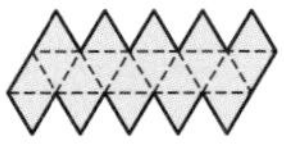

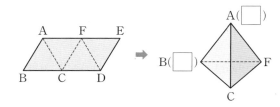

참고 정다면체의 전개도에서 면의 개수를 세면 정다면체의 종류를 알 수 있다.

정답과 해설 · **34**쪽

● 정다면체의 전개도

[027~031] 다음 정다면체의 전개도를 찾아 연결하시오.

027 · · ㄱ.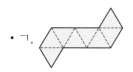

028  · · ㄴ.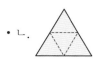

029  · · ㄷ.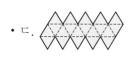

030  · · ㄹ.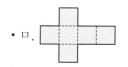

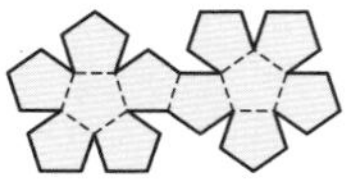

031  · · ㅁ.

● 정다면체의 전개도의 이해   중요

[032~035] 아래 그림과 같은 전개도로 만든 정다면체에 대하여 다음 물음에 답하시오.

032 □ 안에 알맞은 것을 쓰시오.

033 꼭짓점 A와 겹치는 꼭짓점을 구하시오.

034 꼭짓점 B와 겹치는 꼭짓점을 구하시오.

035 $\overline{AB}$와 겹치는 모서리를 구하시오.

[036~040] 아래 그림과 같은 전개도로 만든 정다면체에 대하여 다음 물음에 답하시오.

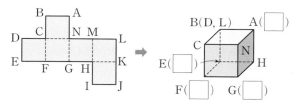

036 □ 안에 알맞은 것을 쓰시오.

037 꼭짓점 F와 겹치는 꼭짓점을 구하시오.

038 꼭짓점 G와 겹치는 꼭짓점을 구하시오.

039 $\overline{MN}$과 한 점에서 만나는 모서리를 모두 구하시오.

040 면 NGHM과 평행한 면을 구하시오.

[041~045] 아래 그림과 같은 전개도로 만든 정다면체에 대하여 다음 물음에 답하시오.

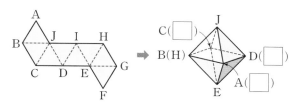

041 □ 안에 알맞은 것을 쓰시오.

042 꼭짓점 C와 겹치는 꼭짓점을 구하시오.

043 꼭짓점 D와 겹치는 꼭짓점을 구하시오.

044 $\overline{EF}$와 평행한 모서리를 구하시오.

045 $\overline{BC}$와 꼬인 위치에 있는 모서리를 모두 구하시오.

04 회전체

(1) **회전체**: 평면도형을 한 직선 l을 축으로 하여 1회전 시킬 때 생기는 입체도형
　① **회전축**: 회전시킬 때 축이 되는 직선 l
　② **모선**: 회전하여 옆면을 만드는 선분
(2) **원뿔대**: 원뿔을 밑면에 평행한 평면으로 잘라서 생기는 두 입체도형 중 원뿔이 아닌 쪽의 도형
(3) **평면도형과 회전체**

회전체	원기둥	원뿔	원뿔대	구
겨냥도	밑면 모선 옆면 밑면 회전축	모선 옆면 밑면 회전축	밑면 모선 옆면 회전축 밑면	회전축
회전시키기 전의 평면도형	직사각형	직각삼각형	두 각이 직각인 사다리꼴	반원

참고 구의 옆면을 만드는 것은 곡선이므로 구에서는 모선을 생각하지 않는다.

정답과 해설 • **34**쪽

● 회전체

[046~050] 다음 입체도형 중 회전체인 것은 ○표, 회전체가 아닌 것은 ×표를 ( ) 안에 쓰시오.

046

( )

047

( )

048

( )

049

( )

050

( )

🔖 학교 시험 문제는 이렇게
051 다음 중 회전체가 <u>아닌</u> 것을 모두 고르면? (정답 2개)

① 원기둥　　② 사각기둥　　③ 원뿔
④ 구　　　　⑤ 원

● 평면도형을 회전시킬 때 생기는 회전체 〔중요〕

[052~055] 다음 그림과 같은 평면도형을 직선 *l*을 회전축으로 하여 1회전 시킬 때 생기는 회전체의 겨냥도를 그리시오.

052

053

054

055

● 회전시키기 전의 평면도형 〔중요〕

[056~059] 다음 그림과 같은 회전체는 어떤 평면도형을 직선 *l*을 회전축으로 하여 1회전 시킨 것인지 보기에서 고르시오.

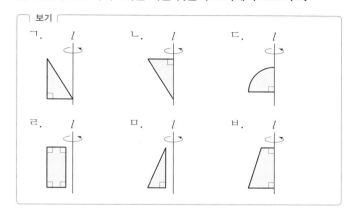

056

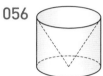

057

058

059

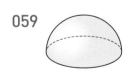

(1) 회전체를 회전축에 수직인 평면으로 자른 단면의 경계는 항상 원이다.

(2) 회전체를 회전축을 포함하는 평면으로 자른 단면은 모두 합동이고, 회전축에 대한 선대칭도형이다.

┌─ 어떤 직선으로 접어서
   완전히 겹쳐지는 도형

회전체	원기둥	원뿔	원뿔대	구
회전축에 수직인 평면으로 자른 단면	원	원	원	원
회전축을 포함하는 평면으로 자른 단면	직사각형	이등변삼각형	등변사다리꼴	원

참고 • 구는 어느 방향으로 자르더라도 그 단면이 항상 원이다.

• 구를 평면으로 자른 단면이 가장 큰 경우는 구의 중심을 지나도록 잘랐을 때이다.

정답과 해설 • 35쪽

● 회전축에 수직인 평면으로 자른 단면 중요

[060~064] 다음 그림과 같은 회전체를 회전축에 수직인 평면으로 자른 단면의 모양을 그리시오.

060

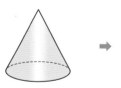

061

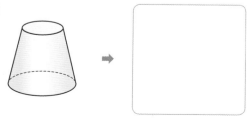

062

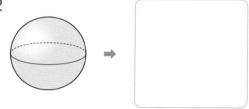

063

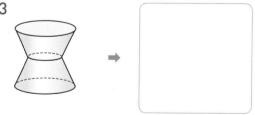

064

● **회전축을 포함하는 평면으로 자른 단면** 중요

[065~069] 다음 그림과 같은 회전체를 회전축을 포함하는 평면으로 자른 단면의 모양을 그리시오.

065

066

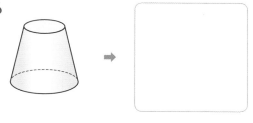

067

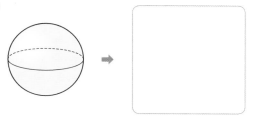

068

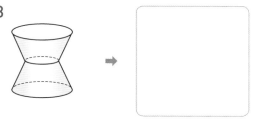

069

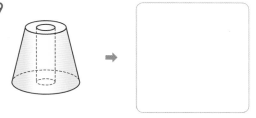

● **회전체의 단면의 넓이**

[070~073] 다음 그림과 같은 회전체를 회전축을 포함하는 평면으로 자른 단면의 넓이를 구하시오.

070

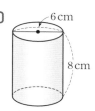

071

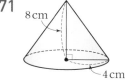

072

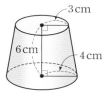

073

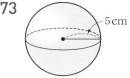

06

회전체의 전개도

회전체	원기둥	원뿔	원뿔대	구
겨냥도	모선	모선	모선	
전개도	길이가 서로 같다.	길이가 서로 같다.	길이가 서로 같다.	구의 전개도는 그릴 수 없다.

정답과 해설 · **35**쪽

● 회전체의 전개도

[074~076] 다음 그림은 어떤 도형의 전개도인지 말하시오.

074

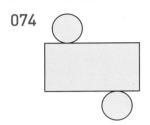

075

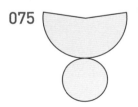

076

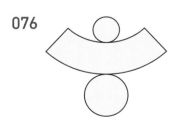

[077~083] 다음 그림에서 □ 안에 알맞은 수를 쓰시오.

077

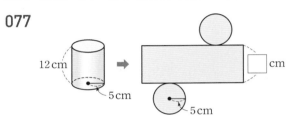

078

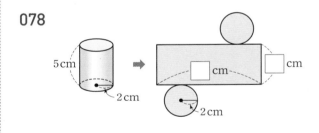

079

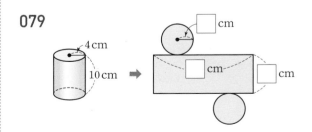

080

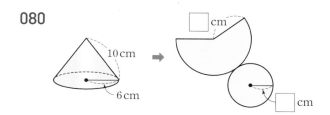

081

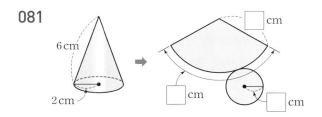

082

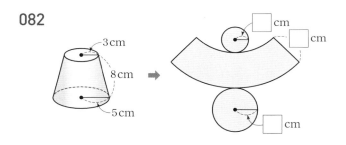

083

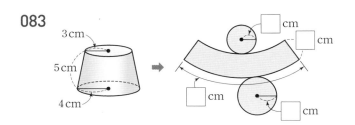

[084~087] 다음 중 회전체에 대한 설명으로 옳은 것은 ○표, 옳지 않은 것은 ×표를 ( ) 안에 쓰시오.

084 회전체를 회전축을 포함하는 평면으로 자른 단면의 경계는 항상 원이다. ( )

085 회전체를 회전축에 수직인 평면으로 자른 단면의 모양은 모두 합동이다. ( )

086 구의 회전축은 2개이다. ( )

087 원뿔대를 회전축을 포함하는 평면으로 자른 단면은 등변사다리꼴이다. ( )

학교 시험 문제는 이렇게

088 다음 보기 중 회전체에 대한 설명으로 옳지 **않은** 것을 모두 고르시오.

┌ **보기** ┐
ㄱ. 평면도형을 1회전 시켜 입체도형을 만들 때, 축이 되는 직선을 회전축이라 한다.
ㄴ. 원뿔을 회전축에 수직인 평면으로 자른 단면은 이등변삼각형이다.
ㄷ. 원기둥을 회전축을 포함하는 평면으로 자른 단면은 항상 원이다.
ㄹ. 구의 회전축은 무수히 많다.

기본 문제 × 확인하기

1 아래 보기에 대하여 다음 물음에 답하시오.

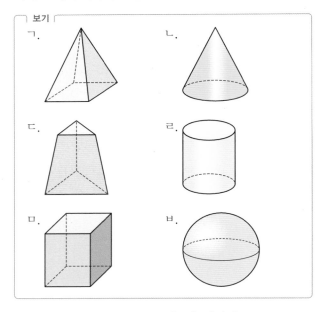

(1) 다면체를 모두 고르고, 그 이름을 말하시오.

(2) (1)에서 고른 다면체는 각각 몇 면체인지 말하시오.

(3) (1)에서 고른 다면체의 옆면의 모양을 말하시오.

(4) (1)에서 고른 다면체의 꼭짓점의 개수를 구하시오.

(5) (1)에서 고른 다면체의 모서리의 개수를 구하시오.

2 다음 조건을 모두 만족시키는 다면체의 이름을 말하시오.

┌ 조건 ┐
㈎ 두 밑면은 서로 평행하고 합동인 다각형이다.
㈏ 옆면의 모양은 직사각형이다.
㈐ 모서리의 개수는 24이다.

3 다음 중 정다면체에 대한 설명으로 옳은 것은 ○표, 옳지 <u>않은</u> 것은 ×표를 ( ) 안에 쓰시오.

(1) 정다면체의 종류는 다섯 가지뿐이다.　　(　)

(2) 각 면이 모두 합동이고 면의 모양이 모두 정다각형인 다면체는 정다면체이다.　　(　)

(3) 정다면체의 이름은 정다면체를 둘러싸고 있는 정다각형의 모양에 따라 결정된다.　　(　)

(4) 각 꼭짓점에 모인 면의 개수가 같은 다면체를 정다면체라 한다.　　(　)

(5) 정팔면체의 모서리의 개수는 12이다.　　(　)

(6) 면의 모양이 정오각형인 정다면체는 정십이면체이다.
　　　　　　　　　　　　　　　　　　(　)

4 아래 그림과 같은 전개도로 만들어지는 정다면체에 대하여 다음 물음에 답하시오.

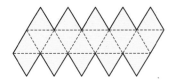

(1) 정다면체의 이름을 말하시오.

(2) 꼭짓점의 개수와 모서리의 개수를 차례로 구하시오.

(3) 각 꼭짓점에 모인 면의 개수를 구하시오.

5 다음 그림과 같은 평면도형과 그 평면도형을 직선 *l*을 회전축으로 하여 1회전 시킬 때 생기는 회전체의 겨냥도를 연결하시오.

(1)

 · · ㄱ.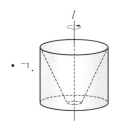

(2)

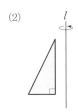 · · ㄴ.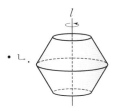

(3)

 · · ㄷ.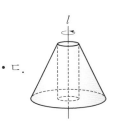

6 다음 그림과 같은 회전체를 회전축을 포함하는 평면으로 자른 단면의 모양을 그리시오.

(1)

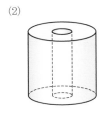

(2)

7 오른쪽 그림과 같은 평면도형을 직선 *l*을 회전축으로 하여 1회전 시킬 때 생기는 회전체에 대하여 다음 물음에 답하시오.

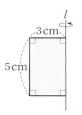

(1) 이 회전체의 이름을 말하시오.

(2) 이 회전체를 회전축에 수직인 평면으로 자를 때 생기는 단면의 모양을 말하고, 그 단면의 넓이를 구하시오.

(3) 이 회전체를 회전축을 포함하는 평면으로 자를 때 생기는 단면의 모양을 말하고, 그 단면의 넓이를 구하시오.

8 다음 그림에서 ☐ 안에 알맞은 수를 쓰시오.

(1)

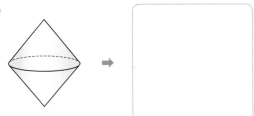

(2)

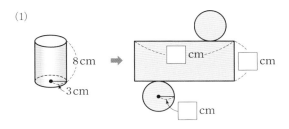

(3)

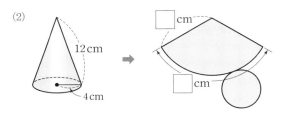

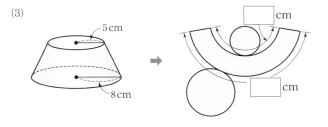

1 다음 보기 중 다면체인 것을 모두 고르시오.

> 보기
> ㄱ. 정사면체　　ㄴ. 원뿔　　　ㄷ. 삼각기둥
> ㄹ. 구　　　　　ㅁ. 원　　　　ㅂ. 오각뿔대
> ㅅ. 정육각형　　ㅇ. 칠각기둥　ㅈ. 반구

2 다음 다면체 중 면의 개수가 가장 많은 것은?

① 사각기둥　　　② 오각뿔　　　③ 오각기둥
④ 칠각뿔　　　　⑤ 칠각뿔대

3 구각기둥의 모서리의 개수를 a, 오각뿔의 모서리의 개수를 b라 할 때, $a+b$의 값은?

① 25　　　　　② 27　　　　　③ 32
④ 37　　　　　⑤ 40

4 다음 다면체 중 꼭짓점의 개수가 나머지 넷과 다른 하나는?

① 직육면체　　　② 사각뿔　　　③ 사각뿔대
④ 사각기둥　　　⑤ 칠각뿔

5 다음 조건을 모두 만족시키는 입체도형의 이름을 말하시오.

> 조건
> ㈎ 두 밑면이 서로 평행하다.
> ㈏ 옆면의 모양은 직사각형이 아닌 사다리꼴이다.
> ㈐ 팔면체이다.

6 다음 중 표의 빈칸에 들어갈 것으로 옳지 않은 것은?

정다면체	정사면체	정육면체	정팔면체	정십이면체	①
면의 모양	정삼각형	정사각형	정삼각형	②	정삼각형
한 꼭짓점에 모인 면의 개수	3	3	4	3	③
면의 개수	4	6	8	12	20
모서리의 개수	6	④	12	30	30
꼭짓점의 개수	4	8	⑤	20	12

① 정이십면체　　② 정사각형　　③ 5
④ 12　　　　　　⑤ 6

7 오른쪽 그림과 같은 전개도로 정육면체를 만들었을 때, $\overline{AB}$와 겹치는 모서리는?

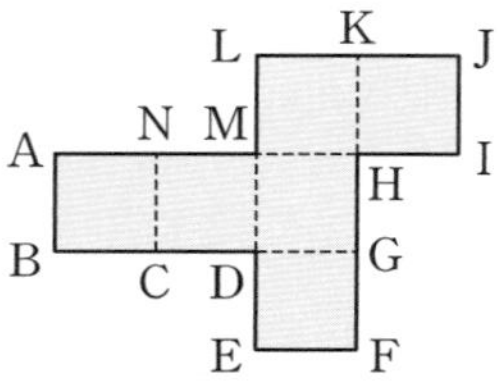

① $\overline{ML}$　　　② $\overline{LK}$
③ $\overline{AN}$　　　④ $\overline{CD}$
⑤ $\overline{KJ}$

8 다음 중 회전체가 <u>아닌</u> 것은?

①

②

③

④

⑤

9 다음 중 오른쪽 그림과 같은 평면도형을 직선 l 을 회전축으로 하여 1회전 시킬 때 생기는 입체 도형은?

①

②

③

④

⑤

10 다음 중 어떤 평면으로 잘라도 그 단면이 항상 원인 회전 체는?

① 구   ② 반구   ③ 원기둥

④ 원뿔   ⑤ 원뿔대

11 다음 중 원뿔을 회전축을 포함하는 평면으로 자른 단면의 모양과 회전축에 수직인 평면으로 자른 단면의 모양을 차 례로 나열한 것은?

① 직사각형, 원   ② 등변사다리꼴, 원

③ 원, 평행사변형   ④ 이등변삼각형, 원

⑤ 원, 이등변삼각형

12 오른쪽 그림과 같은 사다리꼴을 직선 l 을 회전축으로 하여 1회전 시킬 때 생기 는 회전체를 회전축을 포함하는 평면으 로 잘랐다. 이때 생기는 단면의 넓이를 구하시오.

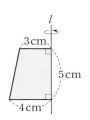

13 오른쪽 그림과 같은 전개도로 만들어지는 원기둥에서 밑면인 원의 반지름의 길이를 구하시오.

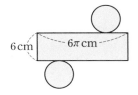

14 다음 중 회전체에 대한 설명으로 옳지 <u>않은</u> 것을 모두 고 르면? (정답 2개)

① 반구를 회전축을 포함하는 평면으로 자른 단면은 반원 이다.

② 구를 회전축에 수직인 평면으로 자를 때, 구의 중심을 지나도록 자르면 그 단면의 크기가 가장 크다.

③ 원뿔대를 회전축에 수직인 평면으로 자른 단면은 사다 리꼴이다.

④ 원기둥을 회전축을 포함하는 평면으로 자른 단면은 직 사각형이다.

⑤ 원기둥, 원뿔, 오각뿔대, 구는 모두 회전체이다.

7

입체도형의
겉넓이와 부피

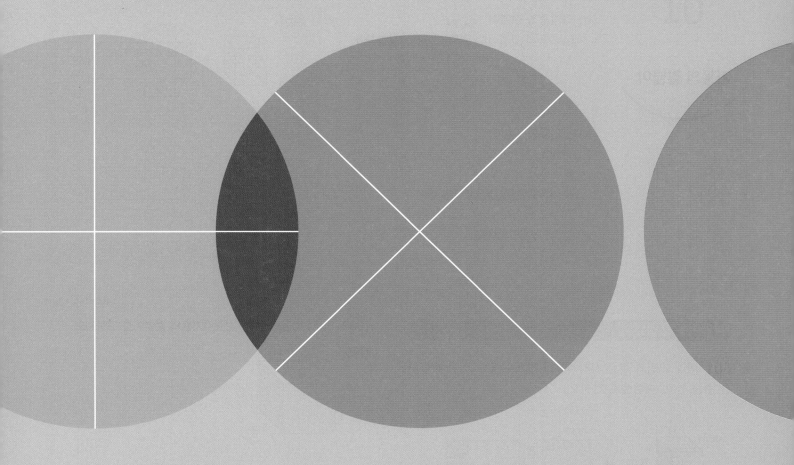

01
기둥의 겉넓이

(1) 각기둥의 겉넓이

(각기둥의 겉넓이)＝(밑넓이)×2＋(옆넓이)

　　　　　　　　　　(밑면의 둘레의 길이)×(높이)⌐

(2) 원기둥의 겉넓이

밑면인 원의 반지름의 길이가 r, 높이가 h인
원기둥의 겉넓이 S는

➡ $S=$(밑넓이)×2＋(옆넓이)

　　$=\pi r^2 \times 2 + 2\pi r \times h$

　　$=2\pi r^2 + 2\pi r h$ ⌐ 밑면인 원의 둘레의 길이

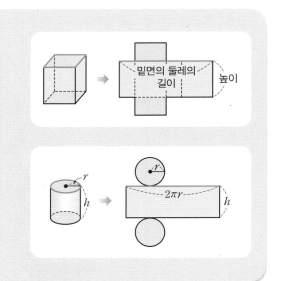

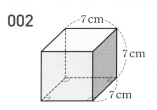

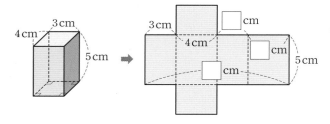

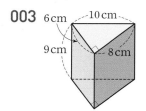

정답과 해설 • **38**쪽

● **각기둥의 겉넓이**　　　　　　　　　　중요

001 아래 그림과 같은 사각기둥의 전개도에서 □ 안에 알맞은 수를 쓰고, 다음을 구하시오.

(1) 밑넓이

(2) 옆넓이

(3) 겉넓이

[002~005] 다음 그림과 같은 각기둥의 겉넓이를 구하시오.

002

003

004
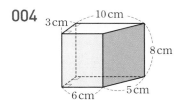

005
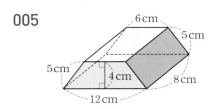

[007~009] 다음 그림과 같은 원기둥의 겉넓이를 구하시오.

007

● **원기둥의 겉넓이** 　중요

006 아래 그림과 같은 원기둥의 전개도에서 □ 안에 알맞은 수를 쓰고, 다음을 구하시오.

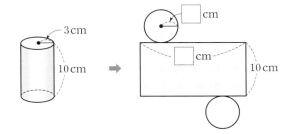

(1) 밑넓이

(2) 옆넓이

(3) 겉넓이

008
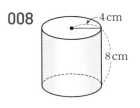

009

> **학교 시험 문제는** 이렇게
>
> **010** 오른쪽 그림과 같은 전개도로 만들어지는 원기둥의 겉넓이를 구하시오.

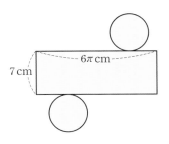

● **밑면이 부채꼴인 기둥의 겉넓이**

011 아래 그림과 같이 밑면이 부채꼴인 기둥의 전개도에서 □ 안에 알맞은 수를 쓰고, 다음을 구하시오.

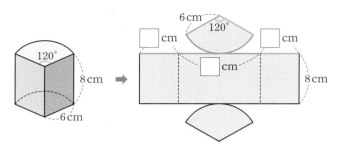

(1) 밑넓이

(2) 옆넓이

(3) 겉넓이

012 오른쪽 그림과 같이 밑면이 부채꼴인 기둥의 겉넓이를 구하시오.

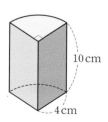

● **구멍이 뚫린 기둥의 겉넓이**

013 오른쪽 그림과 같이 구멍이 뚫린 사각기둥에 대하여 다음을 구하시오.

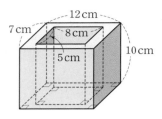

(1) 밑넓이

(2) 바깥쪽의 옆넓이

(3) 안쪽의 옆넓이

(4) 겉넓이

014 오른쪽 그림과 같이 구멍이 뚫린 원기둥의 겉넓이를 구하시오.

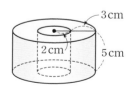

02
기둥의 부피

(1) 각기둥의 부피

밑넓이가 S, 높이가 h인 각기둥의 부피 V는

➡ $V = (밑넓이) \times (높이) = Sh$

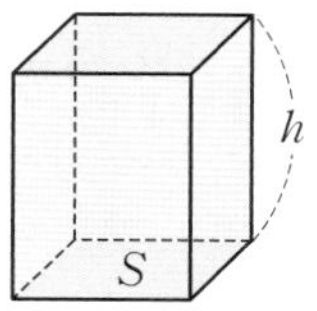

(2) 원기둥의 부피

밑면인 원의 반지름의 길이가 r, 높이가 h인 원기둥의 부피 V는

➡ $V = (밑넓이) \times (높이) = \pi r^2 \times h = \pi r^2 h$

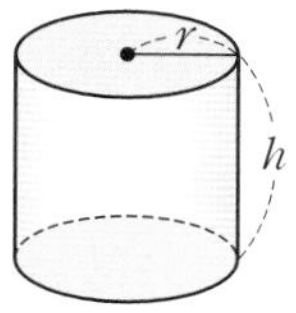

주의 겉넓이와 부피를 구할 때는 단위에 주의한다.

· 길이 ➡ cm, m   · 넓이 ➡ cm^2, m^2 · 부피 ➡ cm^3, m^3

정답과 해설 · **39**쪽

● **각기둥의 부피**   중요

015 오른쪽 그림과 같은 사각기둥에 대하여 다음을 구하시오.

(1) 밑넓이

(2) 높이

(3) 부피

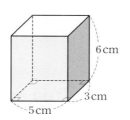

[016~019] 다음 그림과 같은 각기둥의 부피를 구하시오.

016

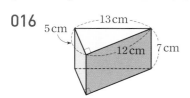

017

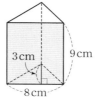

018

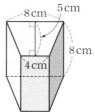

019

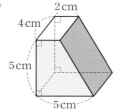

● **원기둥의 부피** 〔중요〕

020 오른쪽 그림과 같은 원기둥에 대하여 다음을 구하시오.

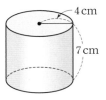

(1) 밑넓이

(2) 높이

(3) 부피

[021~022] 다음 그림과 같은 원기둥의 부피를 구하시오.

021

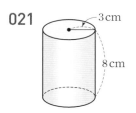

022

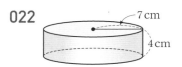

〔 학교 시험 문제는 **이렇게** 〕

023 오른쪽 그림과 같은 입체도형의 부피를 구하시오.

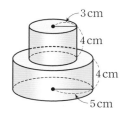

● **밑면이 부채꼴인 기둥의 부피** 〔중요〕

024 오른쪽 그림과 같이 밑면이 부채꼴인 기둥에 대하여 다음을 구하시오.

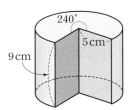

(1) 밑넓이

(2) 높이

(3) 부피

[025~026] 다음 그림과 같이 밑면이 부채꼴인 기둥의 부피를 구하시오.

025

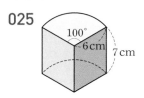

026

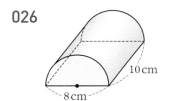

● **구멍이 뚫린 기둥의 부피**

027 오른쪽 그림과 같이 구멍이 뚫린 원기둥에 대하여 다음을 구하시오.

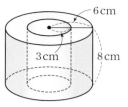

(1) 큰 원기둥의 부피

(2) 작은 원기둥의 부피

(3) 구멍이 뚫린 원기둥의 부피

[028~029] 다음 그림과 같이 구멍이 뚫린 원기둥의 부피를 구하시오.

028

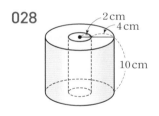

029

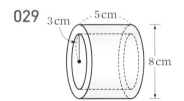

● **직사각형을 회전시킬 때 생기는 원기둥의 겉넓이와 부피**

030 아래 그림과 같은 직사각형을 직선 *l*을 회전축으로 하여 1회전 시킬 때 생기는 원기둥의 겨냥도를 그리고, 다음을 구하시오.

(1) 밑넓이

(2) 겉넓이

(3) 부피

[031~032] 다음 그림과 같은 직사각형을 직선 *l*을 회전축으로 하여 1회전 시킬 때 생기는 원기둥의 겉넓이와 부피를 각각 구하시오.

031

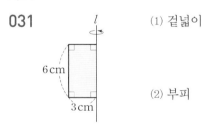

(1) 겉넓이

(2) 부피

032

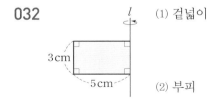

(1) 겉넓이

(2) 부피

(1) 각뿔의 겉넓이

(각뿔의 겉넓이)=(밑넓이)+(옆넓이)

└ 옆면인 삼각형의 넓이의 합

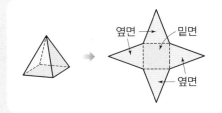

(2) 원뿔의 겉넓이

밑면인 원의 반지름의 길이가 r, 모선의 길이가 l인
원뿔의 겉넓이 S는

➡ $S=$(밑넓이)+(옆넓이)

└ 부채꼴의 넓이

$\quad\ =\pi r^2+\dfrac{1}{2}\times l\times 2\pi r$

$\quad\ =\pi r^2+\pi r l$

참고 부채꼴의 반지름의 길이 r와 호의 길이 l을 알 때, 부채꼴의 넓이는 ➡ $\dfrac{1}{2}rl$

정답과 해설 · **40**쪽

● **각뿔의 겉넓이**

033 아래 그림과 같은 사각뿔의 전개도에서 □ 안에 알맞은 수를 쓰고, 다음을 구하시오. (단, 옆면은 모두 합동이다.)

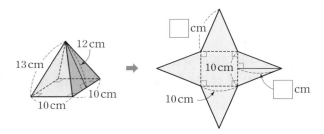

(1) 밑넓이

(2) 옆넓이

(3) 겉넓이

[034~035] 다음 그림과 같이 옆면이 모두 합동인 사각뿔의 겉넓이를 구하시오.

034

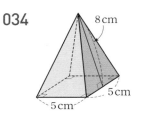

035

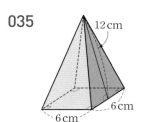

● **원뿔의 겉넓이**　　　　　　　　　중요

036 아래 그림과 같은 원뿔의 전개도에서 □ 안에 알맞은 수를 쓰고, 다음을 구하시오.

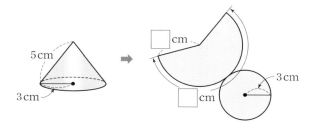

(1) 밑넓이

(2) 옆넓이

(3) 겉넓이

[037~038] 다음 그림과 같은 원뿔의 겉넓이를 구하시오.

037

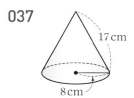

038

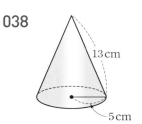

039 아래 그림과 같은 원뿔의 전개도에서 □ 안에 알맞은 수를 쓰고, 다음을 구하시오.

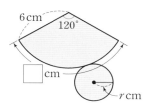

(1) r의 값

(2) 밑넓이

(3) 옆넓이

(4) 겉넓이

[040~041] 다음 그림과 같은 전개도로 만들어지는 원뿔의 겉넓이를 구하시오.

040

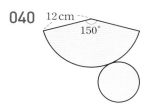

041

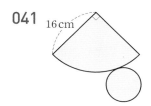

04 뿔의 부피

(1) 각뿔의 부피

밑넓이가 S, 높이가 h인 각뿔의 부피 V는

$$\Rightarrow V = \frac{1}{3} \times (각기둥의 부피)$$ ← 각뿔과 밑넓이와 높이가 각각 같은 각기둥

$$= \frac{1}{3} \times (밑넓이) \times (높이)$$

$$= \frac{1}{3} S h$$

(2) 원뿔의 부피

밑면인 원의 반지름의 길이가 r, 높이가 h인 원뿔의 부피 V는

$$\Rightarrow V = \frac{1}{3} \times (원기둥의 부피)$$ ← 원뿔과 밑넓이와 높이가 각각 같은 원기둥

$$= \frac{1}{3} \pi r^2 h$$

주의 뿔의 높이는 뿔의 꼭짓점에서 밑면에 내린 수선의 발까지의 거리이므로 원뿔의 높이를 모선의 길이로 착각하지 않도록 주의한다.

정답과 해설 · **41**쪽

● **각뿔의 부피**

042 오른쪽 그림과 같은 사각뿔에 대하여 다음을 구하시오.

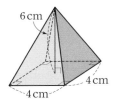

(1) 밑넓이

(2) 높이

(3) 부피

[043~045] 다음 그림과 같은 각뿔의 부피를 구하시오.

043

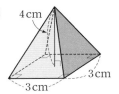

044

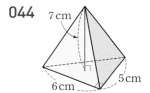

045

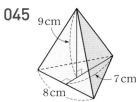

● **직육면체에서 잘라 낸 삼각뿔의 부피**

046 오른쪽 그림과 같이 정육면체를 세 꼭짓점 A, F, C를 지나는 평면으로 잘랐을 때 생기는 삼각뿔에 대하여 다음을 구하시오.

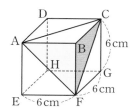

(1) △ABC의 넓이

(2) $\overline{BF}$의 길이

(3) 삼각뿔의 부피

[047~048] 다음 그림과 같이 직육면체를 세 꼭짓점 A, F, C를 지나는 평면으로 잘랐을 때 생기는 삼각뿔의 부피를 구하시오.

047

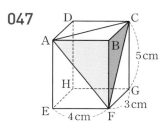

048

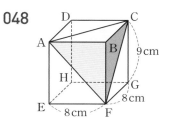

● **원뿔의 부피** 중요

049 오른쪽 그림과 같은 원뿔에 대하여 다음을 구하시오.

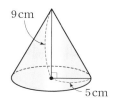

(1) 밑넓이

(2) 높이

(3) 부피

[050~051] 다음 그림과 같은 원뿔의 부피를 구하시오.

050

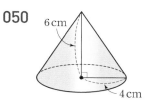

051

05

뿔대의 겉넓이

(1) 각뿔대의 겉넓이

　(각뿔대의 겉넓이)

　=(두 밑넓이의 합)+(옆넓이)

　　　　　　　└ 옆면인 사다리꼴의 넓이의 합

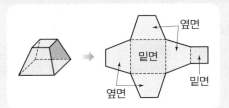

(2) 원뿔대의 겉넓이

　(원뿔대의 겉넓이)

　=(두 밑넓이의 합)+(옆넓이)

　=(두 밑넓이의 합)+(큰 부채꼴의 넓이)

　　－(작은 부채꼴의 넓이)

　주의 뿔대의 두 밑면은 크기가 다르므로 밑넓이를 각각 구해야

　　　한다.

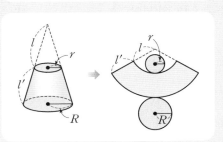

정답과 해설 • **42**쪽

● 각뿔대의 겉넓이

052 오른쪽 그림과 같이 두 밑면이 모두 정사각형이고, 옆면이 모두 합동인 사각뿔대에 대하여 다음을 구하시오.

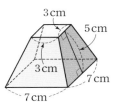

(1) 두 밑넓이의 합

(2) 옆넓이

(3) 겉넓이

[053~055] 다음 그림과 같이 두 밑면이 모두 정사각형이고, 옆면이 모두 합동인 사각뿔대의 겉넓이를 구하시오.

053

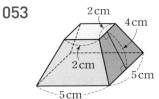

054

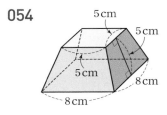

055

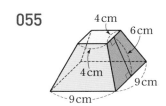

● **원뿔대의 겉넓이** 〔중요〕

056 아래 그림과 같은 원뿔대의 전개도에서 □ 안에 알맞은 수를 쓰고, 다음을 구하시오.

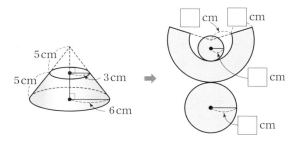

(1) 두 밑넓이의 합

(2) 큰 부채꼴의 넓이

(3) 작은 부채꼴의 넓이

(4) 옆넓이

➡ (큰 부채꼴의 넓이) − (작은 부채꼴의 넓이)

$$= \boxed{} - \boxed{}$$

$$= \boxed{} \,(\mathrm{cm}^2)$$

(5) 겉넓이

[057~060] 다음 그림과 같은 원뿔대의 겉넓이를 구하시오.

057

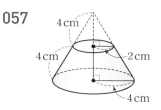

058

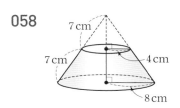

059

060

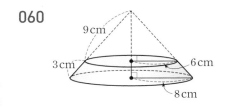

06 뿔대의 부피

(1) 각뿔대의 부피

(각뿔대의 부피)=(큰 각뿔의 부피)−(작은 각뿔의 부피)

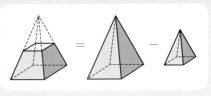

(2) 원뿔대의 부피

(원뿔대의 부피)=(큰 원뿔의 부피)−(작은 원뿔의 부피)

정답과 해설 • **42**쪽

● 각뿔대의 부피

061 오른쪽 그림과 같이 두 밑면이 모두 정사각형이고, 옆면이 모두 합동인 사각뿔대에 대하여 다음을 구하시오.

(1) 큰 사각뿔의 부피

(2) 작은 사각뿔의 부피

(3) 사각뿔대의 부피

➡ (큰 사각뿔의 부피)−(작은 사각뿔의 부피)

= □ − □

= □ (cm³)

[062~063] 다음 그림과 같이 두 밑면이 모두 정사각형이고, 옆면이 모두 합동인 사각뿔대의 부피를 구하시오.

062

063

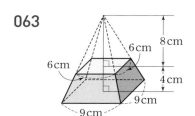

130 • Ⅲ. 입체도형

● 원뿔대의 부피

064 오른쪽 그림과 같은 원뿔대
에 대하여 다음을 구하시오.

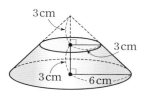

(1) 큰 원뿔의 부피

(2) 작은 원뿔의 부피

(3) 원뿔대의 부피

➡ (큰 원뿔의 부피)−(작은 원뿔의 부피)

= □ − □

= □ (cm³)

[065~067] 다음 그림과 같은 원뿔대의 부피를 구하시오.

065

066

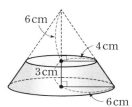

067

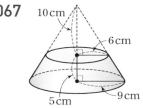

🔖 학교 시험 문제는 이렇게

068 오른쪽 그림과 같은 사다리꼴을 직
선 *l*을 회전축으로 하여 1회전 시킬 때 생
기는 입체도형의 부피를 구하시오.

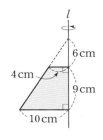

07

구의 겉넓이와 부피

(1) 구의 겉넓이

반지름의 길이가 r인 구의 겉넓이 S는 ➡ $S=4\pi r^2$

참고 반지름의 길이가 r인 구의 겉넓이는 반지름의 길이가 r인 원의 넓이의 4배와 같다.

(2) 구의 부피

반지름의 길이가 r인 구의 부피 V는

➡ $V=\dfrac{2}{3}\times(\text{원기둥의 부피})$

밑면의 반지름의 길이가 r, 높이가 $2r$인 원기둥

$=\dfrac{2}{3}\times(\text{밑넓이})\times(\text{높이})$

$=\dfrac{2}{3}\times\pi r^2\times 2r=\dfrac{4}{3}\pi r^3$

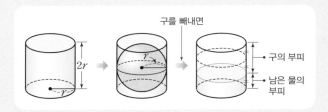

정답과 해설 · **43**쪽

● 구의 겉넓이와 부피

[069~073] 다음 그림과 같은 구의 겉넓이와 부피를 각각 구하시오.

069

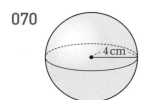

3 cm

(1) 겉넓이

(2) 부피

070

4 cm

(1) 겉넓이

(2) 부피

071

4 cm

(1) 겉넓이

(2) 부피

072

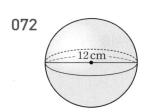

12 cm

(1) 겉넓이

(2) 부피

073

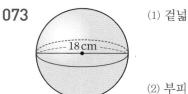

18 cm

(1) 겉넓이

(2) 부피

● 잘린 구의 겉넓이와 부피 〈중요〉

[074~076] 다음 그림과 같은 반구의 겉넓이와 부피를 각각 구하시오.

074

(1) 겉넓이

$$(겉넓이) = \frac{1}{2} \times (구의\ 겉넓이) + (원의\ 넓이)$$
$$= \frac{1}{2} \times \boxed{} + \boxed{} = \boxed{}\ (cm^2)$$

(2) 부피

$$(부피) = \frac{1}{2} \times (구의\ 부피)$$
$$= \frac{1}{2} \times \boxed{} = \boxed{}\ (cm^3)$$

075

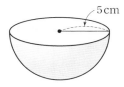

(1) 겉넓이

(2) 부피

076

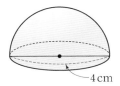

(1) 겉넓이

(2) 부피

077 다음 그림은 반지름의 길이가 $2\ cm$인 구의 $\frac{1}{4}$을 잘라 낸 것이다. 이 입체도형의 겉넓이와 부피를 각각 구하시오.

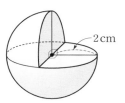

(1) 겉넓이

$$(겉넓이) = \frac{3}{4} \times (구의\ 겉넓이) + 2 \times \left\{ \frac{1}{2} \times (원의\ 넓이) \right\}$$
$$= \frac{3}{4} \times \boxed{} + 2 \times \left(\frac{1}{2} \times \boxed{} \right)$$
$$= \boxed{}\ (cm^2)$$

(2) 부피

$$(부피) = \frac{3}{4} \times (구의\ 부피)$$
$$= \frac{3}{4} \times \left(\frac{4}{3}\pi \times \boxed{}^3 \right)$$
$$= \boxed{}\ (cm^3)$$

078 오른쪽 그림은 반지름의 길이가 $6\ cm$인 구의 $\frac{1}{4}$을 잘라 낸 것이다. 이 입체도형의 겉넓이와 부피를 차례로 구하시오.

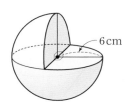

079 오른쪽 그림은 반지름의 길이가 $4\ cm$인 구의 $\frac{1}{8}$을 잘라 낸 것이다. 이 입체도형의 겉넓이와 부피를 차례로 구하시오.

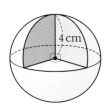

● 원기둥, 원뿔, 구로 이루어진 입체도형의 부피

[080~081] 아래 그림과 같은 입체도형에 대하여 다음을 구하시오.

080

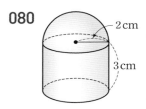

(1) 반구의 부피

(2) 원기둥의 부피

(3) 입체도형의 부피

081

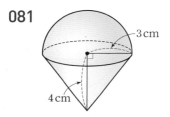

(1) 반구의 부피

(2) 원뿔의 부피

(3) 입체도형의 부피

● 원기둥에 꼭 맞게 들어 있는 입체도형

082 아래 그림과 같이 밑면의 반지름의 길이가 3 cm이고 높이가 6 cm인 원기둥 안에 원뿔과 구가 꼭 맞게 들어 있을 때, 다음을 구하시오.

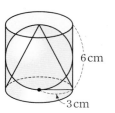

(1) 원뿔의 부피

(2) 구의 부피

(3) 원기둥의 부피

(4) (원뿔의 부피) : (구의 부피) : (원기둥의 부피)
(단, 가장 간단한 자연수의 비로 나타내시오.)

1 아래 그림과 같은 기둥에 대하여 다음을 구하시오.

(1)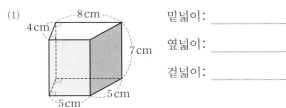

밑넓이: _____

옆넓이: _____

겉넓이: _____

(2)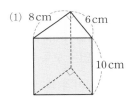

밑넓이: _____

옆넓이: _____

겉넓이: _____

2 아래 그림과 같은 기둥에 대하여 다음을 구하시오.

(1)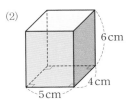

밑넓이: _____

높이: _____

부피: _____

(2)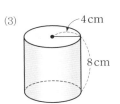

밑넓이: _____

높이: _____

부피: _____

(3)

밑넓이: _____

높이: _____

부피: _____

3 아래 그림과 같이 밑면이 부채꼴인 기둥의 전개도에서 ☐ 안에 알맞은 수를 쓰고, 다음을 구하시오.

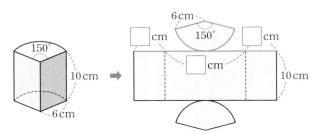

(1) 밑넓이

(2) 옆넓이

(3) 겉넓이

(4) 부피

4 오른쪽 그림과 같이 구멍이 뚫린 사각기둥에 대하여 다음을 구하시오.

(1) 밑넓이

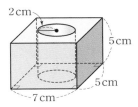

(2) 바깥쪽의 옆넓이

(3) 안쪽의 옆넓이

(4) 겉넓이

5 오른쪽 그림과 같이 구멍이 뚫린 사각기둥에 대하여 다음을 구하시오.

(1) 큰 사각기둥의 부피

(2) 작은 삼각기둥의 부피

(3) 구멍이 뚫린 사각기둥의 부피

6 아래 그림과 같은 뿔에 대하여 다음을 구하시오.
(단, (1)의 옆면은 모두 합동이다.)

(1)

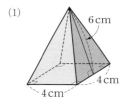

밑넓이: _____

옆넓이: _____

겉넓이: _____

(2)

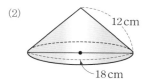

밑넓이: _____

옆넓이: _____

겉넓이: _____

7 아래 그림과 같은 뿔에 대하여 다음을 구하시오.

(1)

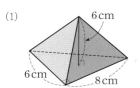

밑넓이: _____

높이: _____

부피: _____

(2)

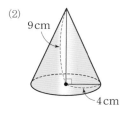

밑넓이: _____

높이: _____

부피: _____

8 아래 그림과 같은 뿔대에 대하여 다음을 구하시오.
(단, (1)의 옆면은 모두 합동이다.)

(1)

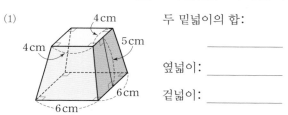

두 밑넓이의 합:

_____

옆넓이: _____

겉넓이: _____

(2)

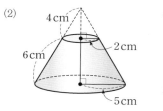

두 밑넓이의 합:

_____

옆넓이: _____

겉넓이: _____

9 아래 그림과 같은 뿔대에 대하여 다음을 구하시오.

(1)

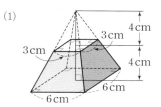

큰 사각뿔의 부피: _____

작은 사각뿔의 부피: _____

사각뿔대의 부피: _____

(2)

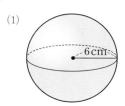

큰 원뿔의 부피: _____

작은 원뿔의 부피: _____

원뿔대의 부피: _____

10 다음 그림과 같은 구의 겉넓이와 부피를 차례로 구하시오.

(1)

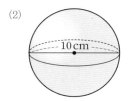

(2)

6cm

11 다음 그림과 같은 입체도형의 겉넓이와 부피를 차례로 구하시오.

(1)

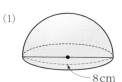

(2)

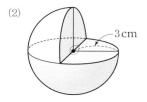

12 오른쪽 그림과 같은 입체도형에 대하여 다음을 구하시오.

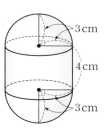

(1) 반구의 부피

(2) 원기둥의 부피

(3) 입체도형의 부피

1 오른쪽 그림과 같은 삼각기둥의 겉넓이가 $132\,cm^2$일 때, h의 값은?

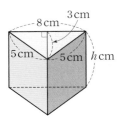

① 5   ② 6

③ 7   ④ 8

⑤ 9

2 오른쪽 그림과 같은 전개도로 만들어지는 원기둥의 겉넓이를 구하시오.

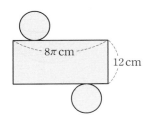

3 오른쪽 그림과 같은 사각기둥의 부피를 구하시오.

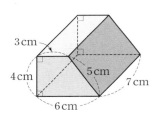

4 밑면인 원의 반지름의 길이가 $3\,cm$인 원기둥의 부피가 $72\pi\,cm^3$일 때, 이 원기둥의 높이는?

① $5\,cm$ ② $6\,cm$ ③ $7\,cm$

④ $8\,cm$ ⑤ $9\,cm$

5 오른쪽 그림과 같이 밑면이 부채꼴인 기둥의 겉넓이와 부피를 차례로 구하면?

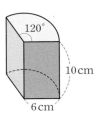

① $(32\pi+120)\,cm^2$, $120\pi\,cm^3$

② $(32\pi+120)\,cm^2$, $140\pi\,cm^3$

③ $(64\pi-120)\,cm^2$, $120\pi\,cm^3$

④ $(64\pi+120)\,cm^2$, $120\pi\,cm^3$

⑤ $(64\pi+140)\,cm^2$, $140\pi\,cm^3$

6 오른쪽 그림과 같이 구멍이 뚫린 사각기둥의 겉넓이와 부피를 차례로 구하시오.

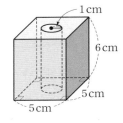

7 오른쪽 그림과 같은 전개도로 만들어지는 원뿔의 겉넓이는?

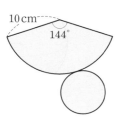

① $36\pi\,cm^2$ ② $48\pi\,cm^2$

③ $56\pi\,cm^2$ ④ $64\pi\,cm^2$

⑤ $72\pi\,cm^2$

8 오른쪽 그림과 같이 한 모서리의 길이가 3 cm인 정육면체를 세 꼭짓점 A, F, C를 지나는 평면으로 잘라 내고 남은 입체도형의 부피는?

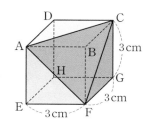

① $\dfrac{15}{2}$ cm³ ② 15 cm³ ③ 30 cm³

④ $\dfrac{45}{2}$ cm³ ⑤ 45 cm³

9 오른쪽 그림과 같은 평면도형을 직선 l을 회전축으로 하여 1회전 시킬 때 생기는 입체도형의 부피는?

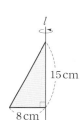

① 310π cm³ ② 320π cm³
③ 330π cm³ ④ 340π cm³
⑤ 350π cm³

10 오른쪽 그림과 같이 두 밑면이 모두 정사각형이고, 옆면이 모두 합동인 사각뿔대의 겉넓이를 구하시오.

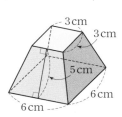

11 오른쪽 그림과 같은 입체도형의 겉넓이를 구하시오.

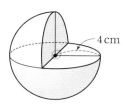

12 오른쪽 그림과 같은 입체도형의 부피는?

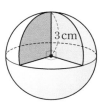

① $\dfrac{63}{2}\pi$ cm³ ② 32π cm³

③ $\dfrac{65}{2}\pi$ cm³ ④ 33π cm³

⑤ $\dfrac{67}{2}\pi$ cm³

13 다음 그림과 같은 원뿔의 부피와 구의 부피가 서로 같을 때, 원뿔의 높이를 구하시오.

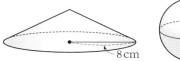

14 오른쪽 그림과 같이 반지름의 길이가 5 cm인 구가 원기둥 안에 꼭 맞게 들어 있다. 이때 구와 원기둥의 부피의 비를 가장 간단한 자연수의 비로 나타내면?

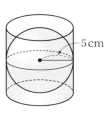

① 1 : 2 ② 1 : 3 ③ 2 : 3
④ 3 : 4 ⑤ 3 : 5

8

자료의 정리와 해석

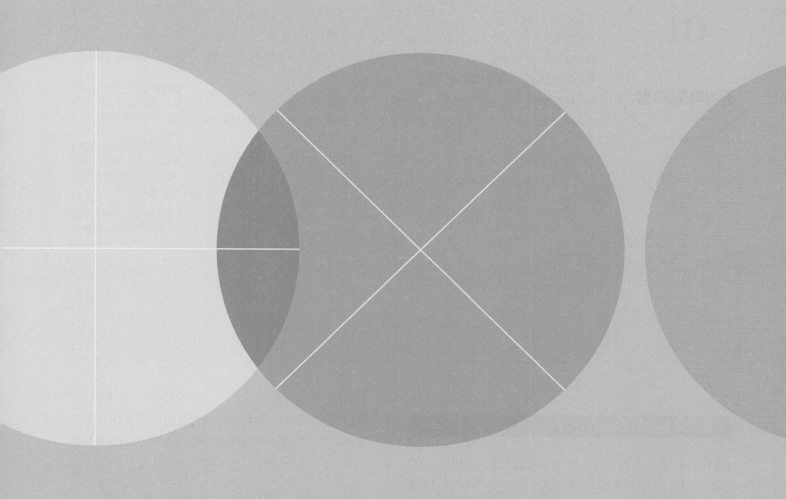

01 줄기와 잎 그림

(1) **변량**: 점수, 키, 몸무게 등과 같은 자료를 수량으로 나타낸 것

(2) **줄기와 잎 그림**: 자료의 분포 상태를 파악하기 위해 변량을 줄기와 잎으로 구분하여 나타낸 그림

(3) **줄기와 잎 그림을 그리는 방법**

❶ 변량을 자릿수를 기준으로 줄기와 잎으로 구분한다.

❷ 세로선을 긋고, 세로선의 왼쪽에 줄기를 작은 수부터 차례로 세로로 나열한다.

❸ 세로선의 오른쪽에 각 줄기에 해당하는 잎을 작은 수부터 차례로 가로로 나열한다. 이때 중복되는 변량의 잎은 중복된 횟수만큼 나열한다.

> **주의** 줄기는 중복되는 수를 한 번만 쓰고, 잎은 중복되는 수를 모두 쓴다.
>
> ● 잎은 작은 수부터 나열하지 않을 수도 있지만 작은 수부터 나열하면 자료를 분석할 때 편리하다.
>
> ● 줄기와 잎 그림에서 자료의 총개수는 잎의 총개수와 같다.

예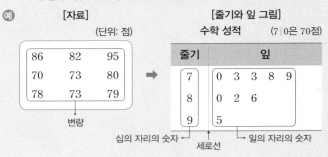

정답과 해설 · **47**쪽

● 줄기와 잎 그림 그리기

001 다음 자료는 지연이네 반 학생들의 하루 동안의 컴퓨터 사용 시간을 조사한 것이다. 이 자료에 대한 줄기와 잎 그림을 완성하시오.

(단위: 분)

| 24 | 43 | 59 | 32 | 60 | 43 | 34 | 22 | 57 | 48 |
| 61 | 53 | 28 | 43 | 37 | 51 | 49 | 35 | 51 | 46 |

⬇

컴퓨터 사용 시간　　　(2|2는 22분)

줄기	잎
2	2

002 다음 자료는 준수네 반 학생들의 수행평가 점수를 조사한 것이다. 이 자료에 대한 줄기와 잎 그림을 완성하시오.

(단위: 점)

74	30	42	35	38	43	51	60
33	46	59	65	43	52	61	34
43	54	62	57	77	48	52	49

⬇

수행평가 점수　　　(3|0은 30점)

줄기	잎
3	0

● 줄기와 잎 그림 이해하기

[003~006] 다음 줄기와 잎 그림은 민기네 반 학생들이 1년 동안 도서관에서 대출한 책의 수를 조사하여 그린 것이다. 물음에 답하시오.

대출한 책의 수 　　　(0 | 3은 3권)

줄기	잎
0	3　5　6
1	2　3　5　7
2	0　1　4　5　8　9　9
3	0　0　2　6　6　7

003 민기네 반 전체 학생은 몇 명인지 구하시오.

004 잎이 가장 적은 줄기를 구하시오.

005 줄기가 1인 잎을 모두 구하시오.

006 대출한 책이 28권 이상 31권 이하인 학생은 몇 명인지 구하시오.

[007~010] 다음 줄기와 잎 그림은 규리네 반 학생들의 윗몸일으키기 기록을 조사하여 그린 것이다. 물음에 답하시오.

윗몸일으키기 기록 　　　(1 | 2는 12회)

줄기	잎
1	2　5　5　6
2	1　2　4　5　7　8　8　9
3	0　1　1　4　4　5　6
4	3　4　5　6

007 규리네 반 전체 학생은 몇 명인지 구하시오.

008 윗몸일으키기 기록이 28회인 학생은 몇 명인지 구하시오.

009 윗몸일으키기 기록이 가장 높은 학생과 가장 낮은 학생의 기록의 차를 구하시오.

010 윗몸일으키기 기록이 35회인 학생은 윗몸일으키기를 몇 번째로 많이 했는지 구하시오.

02
도수분포표

(1) **계급**: 변량을 일정한 간격으로 나눈 구간

  ① **계급의 크기**: 변량을 나눈 구간의 너비 → 계급의 양 끝 값의 차

  ② **계급의 개수**: 변량을 나눈 구간의 수

(2) **도수**: 각 계급에 속하는 변량의 개수 → 도수의 총합은 변량의 총개수와 같다.

(3) **도수분포표**: 주어진 자료를 몇 개의 계급으로 나누고, 각 계급에 속하는 변량을 조사하여 계급과 도수로 나타낸 표

> **참고** 도수분포표에서 각 계급의 가운데 값을 그 계급의 계급값이라 한다.

$$\Rightarrow (계급값)=\frac{(계급의\ 양\ 끝\ 값의\ 합)}{2}$$

(4) **도수분포표를 만드는 방법**

  ❶ 주어진 자료에서 가장 작은 변량과 가장 큰 변량을 찾는다.

  ❷ ❶에서 찾은 두 변량이 속하는 구간을 일정한 간격으로 나누어 계급을 정한다.

  ❸ 각 계급에 속하는 변량의 개수를 세어 각 계급의 도수와 그 합을 구한다.

주의 계급, 계급의 크기, 도수는 항상 단위를 붙여 쓴다.

● 도수분포표의 각 계급에 속하는 자료의 정확한 값은 알 수 없다.

예

[자료] (단위: 점)

67	68	76
88	81	98
71	77	78
68	71	85

[도수분포표]

점수(점)		도수(명)
60이상 ~ 70미만	///	3
70 ~ 80	7///	5
80 ~ 90	///	3
90 ~ 100	/	1
합계		12

→ 변량의 개수를 셀 때 ///// 이나 正을 사용하면 편리하다.

정답과 해설 · **48**쪽

● 도수분포표 만들기

011 다음 자료는 도희네 반 학생들의 턱걸이 기록을 조사한 것이다. 이 자료에 대한 도수분포표를 완성하시오.

(단위: 회)

12	3	10	13	18	4	12	9	14	6
16	17	10	7	5	8	6	11	9	10

↓

턱걸이 기록(회)		도수(명)
0이상 ~ 5미만	//	2
5 ~ 10		
10 ~ 15		
15 ~ 20		
합계		20

012 다음 자료는 태준이네 반 학생들의 봉사 활동 시간을 조사한 것이다. 이 자료에 대한 도수분포표를 완성하시오.

(단위: 시간)

7	11	15	9	17	18	6	10	5	4
12	16	10	3	8	5	8	3	6	7
6	7	19	10	8	12	13	10	11	9

↓

봉사 활동 시간(시간)		도수(명)
0이상 ~ 4미만	//	2
4 ~ 8		
합계		

● 도수분포표 이해하기 〔중요〕

[013~017] 다음 도수분포표는 은수네 반 학생들의 공 던지기 기록을 조사하여 나타낸 것이다. 물음에 답하시오.

공 던지기 기록(m)	도수(명)
$10^{이상} \sim 20^{미만}$	3
$20 \sim 30$	6
$30 \sim 40$	12
$40 \sim 50$	4
합계	25

013 계급의 크기를 구하시오.

014 계급의 개수를 구하시오.

015 도수가 가장 큰 계급을 구하시오.

016 기록이 28 m인 학생이 속하는 계급의 도수를 구하시오.

017 기록이 30 m 이상인 학생은 몇 명인지 구하시오.

[018~022] 다음 도수분포표는 형우네 마을 주민들의 나이를 조사하여 나타낸 것이다. 물음에 답하시오.

나이(세)	도수(명)
$0^{이상} \sim 20^{미만}$	3
$20 \sim 40$	5
$40 \sim 60$	6
$60 \sim 80$	4
$80 \sim 100$	2
합계	

018 계급의 크기를 구하시오.

019 계급의 개수를 구하시오.

020 도수의 총합을 구하시오.

021 나이가 40세 이상 80세 미만인 주민은 몇 명인지 구하시오.

022 나이가 5번째로 많은 주민이 속하는 계급을 구하시오.

[023~027] 다음 도수분포표는 지영이네 반 학생들의 일주일 동안의 인터넷 사용 시간을 조사하여 나타낸 것이다. 물음에 답하시오.

인터넷 사용 시간(시간)	도수(명)
0^{이상} ~ 2^{미만}	9
2 ~ 4	8
4 ~ 6	A
6 ~ 8	3
8 ~ 10	1
합계	25

023 계급의 크기와 계급의 개수를 차례로 구하시오.

024 A의 값을 구하시오.

025 인터넷 사용 시간이 3시간 10분인 학생이 속하는 계급을 구하시오.

026 인터넷 사용 시간이 4시간 이상인 학생은 몇 명인지 구하시오.

027 인터넷 사용 시간이 7번째로 많은 학생이 속하는 계급을 구하시오.

[028~032] 다음 도수분포표는 은지네 반 학생들의 영어 성적을 조사하여 나타낸 것이다. 물음에 답하시오.

영어 성적(점)	도수(명)
50^{이상} ~ 60^{미만}	4
60 ~ 70	6
70 ~ 80	8
80 ~ 90	4
90 ~ 100	A
합계	24

028 계급의 크기와 계급의 개수를 차례로 구하시오.

029 A의 값을 구하시오.

030 영어 성적이 75점인 학생이 속하는 계급의 학생은 몇 명인지 구하시오.

031 영어 성적이 80점 이상인 학생은 몇 명인지 구하시오.

032 영어 성적이 낮은 쪽에서 11번째인 학생이 속하는 계급을 구하시오.

● 도수분포표에서 특정 계급의 백분율 구하기 중요

• (각 계급의 백분율)$=\dfrac{(\text{그 계급의 도수})}{(\text{도수의 총합})}\times100(\%)$

[033~037] 다음 도수분포표는 지수네 반 학생들의 한 달 동안의 운동 시간을 조사하여 나타낸 것이다. 물음에 답하시오.

운동 시간(시간)	도수(명)
$0^{이상}$ ~ $5^{미만}$	7
5 ~ 10	8
10 ~ 15	9
15 ~ 20	4
20 ~ 25	2
합계	

033 도수의 총합을 구하시오.

034 운동 시간이 10시간 이상 15시간 미만인 학생은 몇 명인지 구하시오.

035 운동 시간이 10시간 이상 15시간 미만인 학생은 전체의 몇 %인지 구하시오.

036 운동 시간이 15시간 이상인 학생은 몇 명인지 구하시오.

037 운동 시간이 15시간 이상인 학생은 전체의 몇 %인지 구하시오.

[038~041] 다음 도수분포표는 선민이네 반 학생들의 제기차기 기록을 조사하여 나타낸 것이다. 물음에 답하시오.

제기차기 기록(개)	도수(명)
$0^{이상}$ ~ $10^{미만}$	3
10 ~ 20	11
20 ~ 30	14
30 ~ 40	
합계	35

038 제기차기 기록이 30개 이상 40개 미만인 학생은 몇 명인지 구하시오.

039 제기차기 기록이 30개 이상 40개 미만인 학생은 전체의 몇 %인지 구하시오.

040 제기차기 기록이 20개 미만인 학생은 몇 명인지 구하시오.

041 제기차기 기록이 20개 미만인 학생은 전체의 몇 %인지 구하시오.

학교 시험 문제는 이렇게

042 오른쪽 도수분포표는 어느 도시의 한 달 동안의 미세 먼지 농도를 조사하여 나타낸 것이다. 미세 먼지 농도가 60 μg/m³ 이상인 날은 전체의 몇 %인지 구하시오.

농도($μg/m^3$)	날수(일)
$0^{이상}$ ~ $20^{미만}$	2
20 ~ 40	16
40 ~ 60	6
60 ~ 80	
80 ~ 100	2
합계	30

03

히스토그램

(1) **히스토그램**: 가로축에 계급을, 세로축에 도수를 표시하여 도수분포표를 직사각형 모양으로 나타낸 그래프

(2) **히스토그램을 그리는 방법**

❶ 가로축에 각 계급의 양 끝 값을 차례로 표시한다.

❷ 세로축에 도수를 차례로 표시한다.

❸ 각 계급의 크기를 가로로 하고 도수를 세로로 하는 직사각형을 차례로 그린다.

(3) **히스토그램의 특징**

① 자료의 전체적인 분포 상태를 한눈에 쉽게 알아볼 수 있다.

② 직사각형의 가로의 길이는 일정하므로 각 직사각형의 넓이는 각 계급의 도수에 정비례한다.

③ (모든 직사각형의 넓이의 합)={(계급의 크기)×(각 계급의 도수)의 총합}
　　　　　　　　　　　　　　＝(계급의 크기)×(도수의 총합)

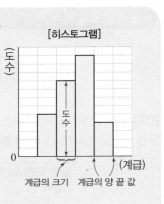

정답과 해설 • **49**쪽

● **히스토그램 그리기**

043 다음 도수분포표는 세희네 반 학생들의 키를 조사하여 나타낸 것이다. 이 도수분포표를 보고 히스토그램을 그리시오.

키(cm)	도수(명)
130^{이상} ~ 140^{미만}	6
140　~ 150	7
150　~ 160	11
160　~ 170	5
170　~ 180	1
합계	30

⬇

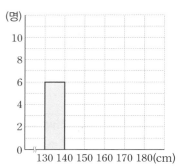

044 다음 도수분포표는 희주네 반 학생들이 딸기 농장에서 수확한 딸기 개수를 조사하여 나타낸 것이다. 이 도수분포표를 보고 히스토그램을 그리시오.

딸기 개수(개)	도수(명)
35^{이상} ~ 40^{미만}	5
40　~ 45	8
45　~ 50	12
50　~ 55	6
55　~ 60	4
합계	35

⬇

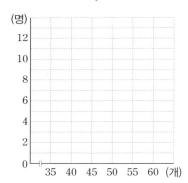

● 히스토그램 이해하기 　중요

[045~049] 다음 히스토그램은 재환이네 반 학생들의 가슴둘레를 조사하여 나타낸 것이다. 물음에 답하시오.

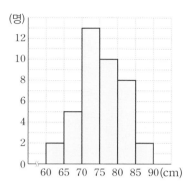

045 계급의 크기와 계급의 개수를 차례로 구하시오.

046 도수가 가장 큰 계급을 구하시오.

047 전체 학생은 몇 명인지 구하시오.

048 가슴둘레가 80 cm 이상 85 cm 미만인 학생은 몇 명인지 구하시오.

049 가슴둘레가 70 cm 미만인 학생은 전체의 몇 %인지 구하시오.

[050~054] 다음 히스토그램은 예리네 중학교 학생들이 주말 동안 음악을 들은 시간을 조사하여 나타낸 것이다. 물음에 답하시오.

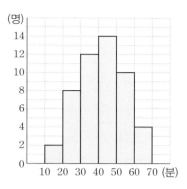

050 계급의 크기와 계급의 개수를 차례로 구하시오.

051 전체 학생은 몇 명인지 구하시오.

052 음악을 들은 시간이 40분 이상 50분 미만인 학생은 전체의 몇 %인지 구하시오.

053 음악을 9번째로 많이 들은 학생이 속하는 계급의 도수를 구하시오.

054 모든 직사각형의 넓이의 합을 구하시오.
 ↳ (계급의 크기)×(도수의 총합)

[055~059] 다음 히스토그램은 형준이네 반 학생들이 일주일 동안 수학 공부를 한 시간을 조사하여 나타낸 것이다. 물음에 답하시오.

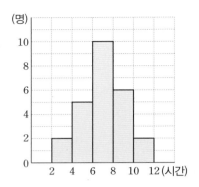

055 계급의 크기와 계급의 개수를 차례로 구하시오.

056 전체 학생은 몇 명인지 구하시오.

057 수학 공부 시간이 6시간 이상 8시간 미만인 학생은 몇 명인지 구하시오.

058 수학 공부 시간이 5번째로 적은 학생이 속하는 계급의 도수를 구하시오.

059 모든 직사각형의 넓이의 합을 구하시오.

● **히스토그램이 찢어진 경우**　　중요

060 오른쪽 히스토그램은 성우네 반 학생 35명이 수학여행을 가서 찍은 사진 수를 조사하여 나타낸 것인데 일부가 찢어져 보이지 않는다. 사진 수가 80장 이상 100장 미만인 학생은 전체의 몇 %인지 구하려고 할 때, □ 안에 알맞은 수를 쓰시오.

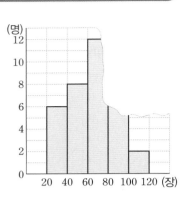

사진 수가 80장 이상 100장 미만인 학생은

$35-(6+8+\boxed{}+2)=\boxed{}$(명)이므로

$\dfrac{\boxed{}}{35}\times100=\boxed{}$ (%)

061 오른쪽 히스토그램은 야구부 학생 20명이 어느 달에 친 안타 수를 조사하여 나타낸 것인데 일부가 찢어져 보이지 않는다. 안타 수가 2개 이상 4개 미만인 학생은 전체의 몇 %인지 구하시오.

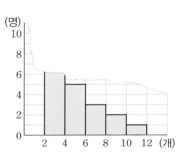

062 오른쪽 히스토그램은 우현이네 반 학생 20명이 가지고 있는 필기구 수를 조사하여 나타낸 것인데 일부가 찢어져 보이지 않는다. 필기구 수가 9개 이상 12개 미만인 학생은 전체의 몇 %인지 구하시오.

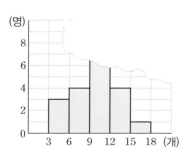

04
도수분포다각형

(1) **도수분포다각형**: 히스토그램에서 각 직사각형의 윗변의 중앙에 찍은 점을 차례로 선분으로 연결하고, 양 끝에 도수가 0인 계급이 하나씩 더 있는 것으로 생각하여 그 중앙에 찍은 점과 연결하여 그린 그래프

(2) **도수분포다각형의 특징**

① 자료의 전체적인 분포 상태를 한눈에 쉽게 알아볼 수 있다.

② (도수분포다각형과 가로축으로 둘러싸인 부분의 넓이)
= (히스토그램의 각 직사각형의 넓이의 합)
= (계급의 크기) × (도수의 총합)

③ 두 개 이상의 자료의 분포를 함께 나타낼 수 있어 그 특징을 비교할 때 히스토그램보다 편리하다.

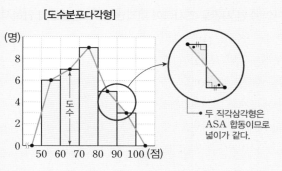

[도수분포다각형]

└→ 두 직각삼각형은 ASA 합동이므로 넓이가 같다.

정답과 해설 • 50쪽

● 도수분포다각형 그리기

[063~064] 다음 히스토그램에 도수분포다각형을 그리시오.

063

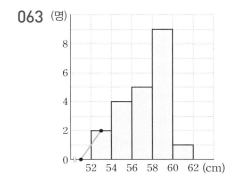

064

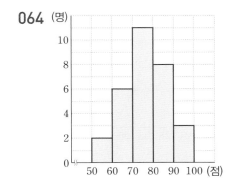

● 도수분포다각형 이해하기　　중요

[065~068] 다음 도수분포다각형은 윤아네 반 학생들의 100 m 달리기 기록을 조사하여 나타낸 것이다. 물음에 답하시오.

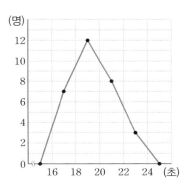

065 계급의 크기와 계급의 개수를 차례로 구하시오.

066 전체 학생은 몇 명인지 구하시오.

067 도수가 8명인 계급을 구하시오.

068 100 m 달리기 기록이 9번째로 빠른 학생이 속하는 계급을 구하시오.

[069~073] 다음 도수분포다각형은 선희네 반 학생들의 하루 동안의 수면 시간을 조사하여 나타낸 것이다. 물음에 답하시오.

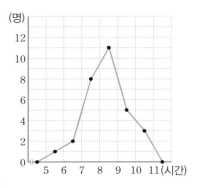

069 계급의 크기와 계급의 개수를 차례로 구하시오.

070 도수가 가장 큰 계급을 구하시오.

071 전체 학생은 몇 명인지 구하시오.

072 수면 시간이 7시간 미만인 학생은 전체의 몇 %인지 구하시오.

073 수면 시간이 10번째로 긴 학생이 속하는 계급의 도수를 구하시오.

● 도수분포다각형과 가로축으로 둘러싸인 부분의 넓이

074 다음은 지훈이네 반 학생들의 오래 매달리기 기록을 조사하여 나타낸 히스토그램과 도수분포다각형이다. 도수분포다각형과 가로축으로 둘러싸인 부분의 넓이를 구하려고 할 때, □ 안에 알맞은 수를 쓰시오.

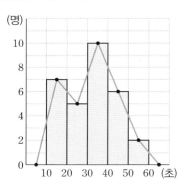

(도수분포다각형과 가로축으로 둘러싸인 부분의 넓이)
　＝(히스토그램의 각 직사각형의 넓이의 합)
　＝(계급의 크기)×(도수의 총합)
　＝□×(7＋5＋10＋□＋2)
　＝□

075 다음 도수분포다각형은 아현이네 반 학생들의 멀리 던지기 기록을 조사하여 나타낸 것이다. 도수분포다각형과 가로축으로 둘러싸인 부분의 넓이를 구하시오.

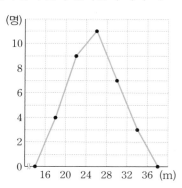

● 도수분포다각형이 찢어진 경우

[076~077] 오른쪽 도수분포다 각형은 현석이네 반 학생 30명 이 할머니 댁에 가는 데 걸리는 시간을 조사하여 나타낸 것인데 일부가 찢어져 보이지 않는다. 다음 물음에 답하시오.

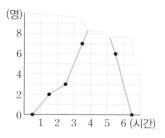

076 걸리는 시간이 4시간 이상 5시간 미만인 학생은 몇 명 인지 구하시오.

077 걸리는 시간이 4시간 이상인 학생은 전체의 몇 %인지 구하시오.

[078~079] 오른쪽 도수분포 다각형은 선우네 반 학생 40명 이 과학 퀴즈 대회에서 받은 점 수를 조사하여 나타낸 것인데 일부가 찢어져 보이지 않는다. 다음 물음에 답하시오.

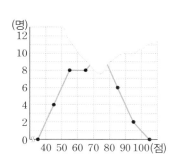

078 점수가 70점 이상 80점 미만인 학생은 몇 명인지 구하 시오.

079 점수가 70점 이상인 학생은 전체의 몇 %인지 구하시오.

● 두 도수분포다각형의 비교

[080~084] 아래 도수분포다각형은 어느 마을의 중학생과 고등 학생의 주말 동안의 취미 생활 시간을 조사하여 나타낸 것이다. 다음 설명 중 옳은 것은 ○표, 옳지 않은 것은 ×표를 ( ) 안에 쓰시오.

080 중학생이 고등학생보다 취미 생활 시간이 많은 편이다.
( )

081 중학생의 수와 고등학생의 수는 같다. ( )

082 취미 생활 시간이 2시간 이상 3시간 미만인 학생은 고 등학생이 중학생보다 많다. ( )

083 각각의 그래프와 가로축으로 둘러싸인 부분의 넓이는 서로 다르다. ( )

084 취미 생활 시간이 가장 많은 학생은 중학생이다.
( )

05 상대도수

(1) 상대도수: 도수분포표에서 전체 도수에 대한 각 계급의 도수의 비율

➡ (어떤 계급의 상대도수)= $\dfrac{(\text{그 계급의 도수})}{(\text{도수의 총합})}$

┌ (어떤 계급의 도수)=(도수의 총합)×(그 계급의 상대도수)

└ (도수의 총합)= $\dfrac{(\text{그 계급의 도수})}{(\text{어떤 계급의 상대도수})}$

(2) 상대도수의 분포표: 각 계급의 상대도수를 나타낸 표

(3) 상대도수의 특징

① 상대도수의 총합은 항상 1이다.

② 상대도수는 0 이상이고 1 이하인 수이다.

③ 각 계급의 상대도수는 그 계급의 도수에 정비례한다.

④ 도수의 총합이 다른 두 개 이상의 자료의 분포 상태를 비교할 때 편리하다.

참고 상대도수에 100을 곱하면 전체에서 그 계급이 차지하는 백분율을 알 수 있다.

[상대도수의 분포표]

키(cm)	도수(명)	상대도수
150이상 ~ 160미만	⑧	$\dfrac{8}{20}=0.4$
160 ~ 170	10	$\dfrac{10}{20}=0.5$
170 ~ 180	2	$\dfrac{2}{20}=0.1$
합계	⑳	1

정답과 해설 • **51**쪽

● 상대도수의 분포표 만들기

085 다음 상대도수의 분포표는 어느 학교 운동부 학생들의 몸무게를 조사하여 나타낸 것이다. □ 안에 알맞은 수를 쓰시오.

몸무게(kg)	도수(명)	상대도수
60이상 ~ 64미만	2	$\dfrac{2}{40}=0.05$
64 ~ 68	6	$\dfrac{\square}{40}=\square$
68 ~ 72	14	$\square$
72 ~ 76	8	$\square$
76 ~ 80	6	$\square$
80 ~ 84	4	$\square$
합계	40	$\square$

086 다음 상대도수의 분포표는 신우네 반 학생들의 윗몸일으키기 기록을 조사하여 나타낸 것이다. 표를 완성하시오.

윗몸일으키기 기록(회)	도수(명)	상대도수
5이상 ~ 10미만	3	
10 ~ 15	9	
15 ~ 20	12	
20 ~ 25	6	
합계	30	1

087 다음 상대도수의 분포표는 기호네 중학교 1학년 학생 150명의 일주일 동안의 TV 시청 시간을 조사하여 나타낸 것이다. 표를 완성하시오.

TV 시청 시간(시간)	도수(명)	상대도수
2이상 ~ 4미만	15	
4 ~ 6	18	
6 ~ 8	30	
8 ~ 10	75	
10 ~ 12	9	
12 ~ 14	3	
합계	150	1

● 상대도수, 도수, 도수의 총합 사이의 관계

088 민혁이네 반 학생들의 한 달 용돈을 조사하였더니 상대도수가 0.2인 계급의 도수가 6명이었다. 이때 전체 학생은 몇 명인지 구하시오.

➡ (도수의 총합)$=\dfrac{\text{(도수)}}{\text{(상대도수)}}=\dfrac{6}{\boxed{}}=\boxed{}$(명)

089 어느 미술관에 하루 동안 입장한 관람객의 나이를 조사하였더니 20세 이상 30세 미만인 계급의 도수가 8명, 상대도수가 0.4였다. 이때 전체 관람객은 몇 명인지 구하시오.

090 다음 상대도수의 분포표는 어느 극장에서 1년 동안 상영한 영화들의 상영 시간을 조사하여 나타낸 것이다. 표를 완성하시오.

상영 시간(분)	도수(편)	상대도수
$60^{\text{이상}} \sim \ 80^{\text{미만}}$	$50 \times 0.06 = 3$	0.06
80 ～ 100		0.14
100 ～ 120		0.24
120 ～ 140		0.32
140 ～ 160		0.18
160 ～ 180		0.06
합계	50	

091 인선이네 중학교 1학년 학생 200명의 음악 수행평가 점수를 조사하였더니 50점 이상 60점 미만인 계급의 상대도수가 0.19였다. 이 계급의 도수를 구하시오.

● 상대도수의 분포표 이해하기

[092~096] 다음 상대도수의 분포표는 어느 지역의 9월 한 달 동안 일별 최고 기온을 조사하여 나타낸 것이다. 물음에 답하시오.

최고 기온(℃)	날수(일)	상대도수
$10^{\text{이상}} \sim 13^{\text{미만}}$	3	0.1
13 ～ 16	6	A
16 ～ 19	B	0.3
19 ～ 22	9	0.3
22 ～ 25	C	
합계	30	1

092 A의 값을 구하시오.

093 B의 값을 구하시오.

094 C의 값을 구하시오.

095 최고 기온이 13℃ 이상 16℃ 미만인 날은 전체의 몇 %인지 구하시오.

096 최고 기온이 16℃ 이상 22℃ 미만인 날은 전체의 몇 %인지 구하시오.

[097~101] 다음 상대도수의 분포표는 어느 등산 동호회 회원들이 1년 동안 등산한 횟수를 조사하여 나타낸 것이다. 물음에 답하시오.

등산 횟수(회)	도수(명)	상대도수
$0^{이상} \sim 5^{미만}$	1	
5 ~ 10	B	0.25
10 ~ 15	6	
15 ~ 20	C	
20 ~ 25	3	D
25 ~ 30	2	0.1
합계		A

097 전체 회원은 몇 명인지 구하시오.

098 A, B, C, D의 값을 각각 구하시오.

099 도수가 가장 큰 계급의 상대도수를 구하시오.

100 등산 횟수가 7번째로 많은 회원이 속하는 계급의 상대도수를 구하시오.

101 등산 횟수가 25회 이상인 회원은 전체의 몇 %인지 구하시오.

[102~106] 다음 상대도수의 분포표는 소라네 중학교 1학년 학생들이 등교하는 데 걸리는 시간을 조사하여 나타낸 것이다. 물음에 답하시오.

등교 시간(분)	도수(명)	상대도수
$0^{이상} \sim 10^{미만}$	B	0.3
10 ~ 20	9	0.18
20 ~ 30	C	D
30 ~ 40	4	
40 ~ 50	1	
합계		A

102 전체 학생은 몇 명인지 구하시오.

103 A, B, C, D의 값을 각각 구하시오.

104 등교하는 데 걸리는 시간이 48분인 학생이 속하는 계급의 상대도수를 구하시오.

105 등교하는 데 걸리는 시간이 3번째로 긴 학생이 속하는 계급의 상대도수를 구하시오.

106 등교하는 데 걸리는 시간이 20분 미만인 학생은 전체의 몇 %인지 구하시오.

06

상대도수의 분포를 나타낸 그래프

(1) **상대도수의 분포를 나타낸 그래프**: 상대도수의 분포표를 히스토그램이나 도수분포다각형과 같은 모양으로 나타낸 그래프

(2) **상대도수의 분포를 나타낸 그래프를 그리는 방법**

❶ 가로축에 각 계급의 양 끝 값을 차례로 표시한다.

❷ 세로축에 상대도수를 차례로 표시한다.

❸ 히스토그램이나 도수분포다각형 모양으로 그린다.

참고 • 상대도수의 분포를 나타낸 그래프는 일반적으로 도수분포다각형 모양으로 나타낸다.

• (상대도수의 분포를 나타낸 그래프와 가로축으로 둘러싸인 부분의 넓이)
$$=(계급의 크기) \times \underline{(상대도수의 총합)} = (계급의 크기)$$
$$=1$$

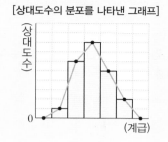

[상대도수의 분포를 나타낸 그래프]

정답과 해설 • 52쪽

● 상대도수의 분포를 나타낸 그래프 그리기

107 다음 상대도수의 분포표는 어느 볼링 동호회 회원들의 볼링 점수를 조사하여 나타낸 것이다. 이 표를 도수분포다각형 모양의 그래프로 나타내시오.

볼링 점수(점)	상대도수
70^{이상} ~ 90^{미만}	0.14
90 ~ 110	0.22
110 ~ 130	0.3
130 ~ 150	0.2
150 ~ 170	0.1
170 ~ 190	0.04
합계	1

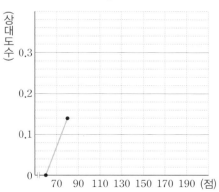

108 다음 상대도수의 분포표는 어느 농장에서 수확한 고구마의 무게를 측정하여 나타낸 것이다. 이 표를 완성하고, 도수분포다각형 모양의 그래프로 나타내시오.

고구마 무게(g)	도수(개)	상대도수
100^{이상} ~ 120^{미만}	1	0.02
120 ~ 140	8	
140 ~ 160	15	
160 ~ 180	16	
180 ~ 200	6	
200 ~ 220	4	
합계	50	

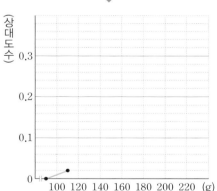

● 상대도수의 분포를 나타낸 그래프 이해하기

[109~112] 다음 그래프는 어느 콘서트장에 입장한 관객 200명의 입장 대기 시간에 대한 상대도수의 분포를 나타낸 것이다. 물음에 답하시오.

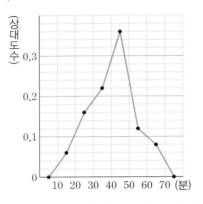

109 입장 대기 시간이 10분 이상 20분 미만인 계급의 상대도수를 구하시오.

110 입장 대기 시간이 30분 이상 40분 미만인 계급의 도수를 구하시오.

111 상대도수가 가장 큰 계급의 도수를 구하시오.

112 입장 대기 시간이 50분 이상 60분 미만인 관객은 전체의 몇 %인지 구하시오.

[113~116] 다음 그래프는 어느 아파트의 가구별 한 달 동안의 전력 사용량에 대한 상대도수의 분포를 나타낸 것이다. 상대도수가 가장 큰 계급의 가구 수가 192일 때, 물음에 답하시오.

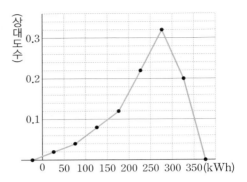

113 전체 가구 수를 구하시오.

114 전력 사용량이 100 kWh 이상 150 kWh 미만인 가구 수를 구하시오.

115 전력 사용량이 250 kWh 이상인 가구 수를 구하시오.

116 전력 사용량이 150 kWh 미만인 가구는 전체의 몇 %인지 구하시오.

도수의 총합이 다른 두 집단의 분포 상태를 비교할 때는 두 자료에 대한 상대도수의 분포를 그래프로 함께 나타내면 두 자료의 분포 상태를 한눈에 쉽게 비교할 수 있다.

예 전체 학생 수가 다른 A, B 두 중학교 학생들의 키에 대한 상대도수의 분포를 함께 나타낸 오른쪽 그래프에서 B 중학교의 그래프가 A 중학교의 그래프보다 전체적으로 오른쪽으로 치우쳐 있으므로 A, B 두 중학교 중에서 키가 큰 학생의 비율이 높은 학교는 B 중학교임을 알 수 있다.

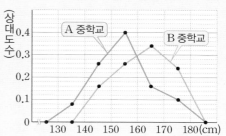

정답과 해설 · 53쪽

● 도수의 총합이 다른 두 집단의 분포 비교   중요

[117~119] 다음 상대도수의 분포표는 어느 마라톤 대회에 참가한 남녀 선수의 나이를 조사하여 나타낸 것이다. 물음에 답하시오.

나이(세)	남자		여자	
	도수(명)	상대도수	도수(명)	상대도수
$10^{이상} \sim 20^{미만}$	80	0.16	40	0.1
20 ~ 30	110		80	
30 ~ 40	160		96	
40 ~ 50	100		120	
50 ~ 60	50		64	
합계	500	1	400	1

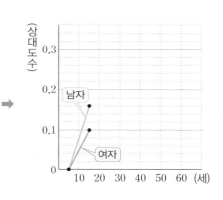

117 위의 표를 완성하고, 남녀 선수의 상대도수의 분포를 나타낸 그래프를 도수분포다각형의 모양으로 각각 나타내시오.

118 남녀 선수 중에서 나이가 30세 이상 40세 미만인 선수의 비율은 어느 쪽이 더 높은지 구하시오.

➡ 30세 이상 40세 미만인 계급의 상대도수는

남자: [ ], 여자: [ ]

따라서 [ ] 선수의 비율이 더 높다.

119 남녀 선수 중에서 나이가 대체적으로 더 많은 쪽은 어느 쪽인지 구하시오.

[120~123] 다음 그래프는 A 중학교와 B 중학교 학생들의 일주일 동안의 휴대 전화 통화 시간에 대한 상대도수의 분포를 함께 나타낸 것이다. 물음에 답하시오.

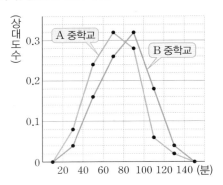

120 B 중학교의 상대도수가 A 중학교의 상대도수보다 큰 계급을 모두 구하시오.

121 A, B 중학교 중에서 통화 시간이 40분 이상 60분 미만인 학생의 비율은 어느 중학교가 더 높은지 구하시오.

122 A, B 중학교의 학생이 각각 400명, 600명일 때, 통화 시간이 60분 이상 80분 미만인 A, B 중학교의 학생은 몇 명인지 차례로 구하시오.

123 A, B 중학교 중에서 일주일 동안의 통화 시간이 대체적으로 더 긴 학교는 어느 곳인지 구하시오.

[124~127] 다음 그래프는 소희네 반과 동규네 반 학생들이 하루 동안 보낸 문자 메시지의 개수에 대한 상대도수의 분포를 함께 나타낸 것이다. 물음에 답하시오.

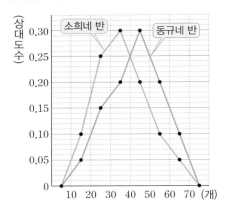

124 소희네 반의 상대도수가 동규네 반의 상대도수보다 큰 계급의 개수를 구하시오.

125 소희네 반과 동규네 반 중에서 하루 동안 보낸 문자 메시지가 40개 이상 50개 미만인 학생의 비율은 어느 반이 더 낮은지 구하시오.

126 소희네 반과 동규네 반 학생이 각각 20명, 40명일 때, 하루 동안 보낸 문자 메시지가 50개 이상 60개 미만인 소희네 반, 동규네 반의 학생은 몇 명인지 차례로 구하시오.

127 소희네 반과 동규네 반 중에서 하루 동안 보낸 문자 메시지의 개수가 대체적으로 더 적은 반은 어느 곳인지 구하시오.

1 다음 줄기와 잎 그림은 어느 반 학생들의 몸무게를 조사하여 그린 것이다. 물음에 답하시오.

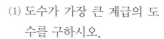

몸무게   (4 | 8은 48 kg)

줄기	잎
4	8 8 9
5	0 2 4 5 6 7 7 8 9
6	0 1 2 2 3 4 5 6 9
7	1 5 8 9

⑴ 전체 학생은 몇 명인지 구하시오.

⑵ 잎이 가장 적은 줄기를 구하시오.

⑶ 몸무게가 57 kg인 학생은 몇 명인지 구하시오.

⑷ 몸무게가 65 kg 이상 75 kg 미만인 학생은 몇 명인지 구하시오.

2 다음 도수분포표는 현지네 반 학생들의 줄넘기 기록을 조사하여 나타낸 것이다. 물음에 답하시오.

줄넘기 기록(회)	도수(명)
5^{이상} ~ 10^{미만}	2
10 ~ 15	5
15 ~ 20	10
20 ~ 25	A
25 ~ 30	6
합계	35

⑴ 계급의 크기와 계급의 개수를 차례로 구하시오.

⑵ A의 값을 구하시오.

⑶ 줄넘기 기록이 15회 이상인 학생은 몇 명인지 구하시오.

⑷ 줄넘기 기록이 15회 이상인 학생은 전체의 몇 %인지 구하시오.

3 오른쪽 히스토그램은 지혁이네 반 학생들의 팔굽혀펴기 기록을 조사하여 나타낸 것이다. 다음 물음에 답하시오.

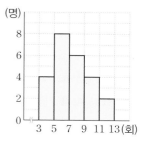

⑴ 도수가 가장 큰 계급의 도수를 구하시오.

⑵ 전체 학생은 몇 명인지 구하시오.

⑶ 팔굽혀펴기 기록이 7회 이상 9회 미만인 학생은 전체의 몇 %인지 구하시오.

⑷ 팔굽혀펴기 기록이 낮은 쪽에서 5번째인 학생이 속하는 계급의 도수를 구하시오.

4 오른쪽 히스토그램은 지후네 반 학생 40명의 등교 시간을 조사하여 나타낸 것인데 일부가 찢어져 보이지 않는다. 다음 물음에 답하시오.

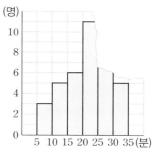

⑴ 등교 시간이 25분 이상 30분 미만인 학생은 몇 명인지 구하시오.

⑵ 등교 시간이 25분 이상 30분 미만인 학생은 전체의 몇 %인지 구하시오.

⑶ 등교 시간이 25분 이상인 학생은 전체의 몇 %인지 구하시오.

5 오른쪽 도수분포다각형은 어느 연극에 출연한 배우들의 나이를 조사하여 나타낸 것이다. 다음 물음에 답하시오.

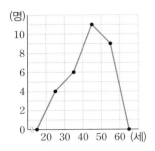

(1) 도수가 가장 작은 계급을 구하시오.

(2) 전체 배우는 몇 명인지 구하시오.

(3) 나이가 30세 이상 40세 미만인 배우는 전체의 몇 %인지 구하시오.

(4) 도수분포다각형과 가로축으로 둘러싸인 부분의 넓이를 구하시오.

6 오른쪽 도수분포다각형은 상혁이네 반 학생 30명의 일주일 동안의 컴퓨터 사용 시간을 조사하여 나타낸 것인데 일부가 찢어져 보이지 않는다. 다음 물음에 답하시오.

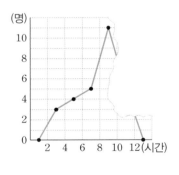

(1) 컴퓨터 사용 시간이 10시간 이상 12시간 미만인 학생은 몇 명인지 구하시오.

(2) 컴퓨터 사용 시간이 8시간 이상인 학생은 몇 명인지 구하시오.

(3) 컴퓨터 사용 시간이 8시간 이상인 학생은 전체의 몇 %인지 구하시오.

7 다음 상대도수의 분포표는 현숙이네 반 학생들의 한 달 동안의 봉사 활동 시간을 조사하여 나타낸 것이다. 물음에 답하시오.

봉사 활동 시간(시간)	도수(명)	상대도수
$0^{이상}$ ~ $2^{미만}$	A	0.12
2 ~ 4	7	
4 ~ 6	9	B
6 ~ 8	5	0.2
8 ~ 10	C	
합계	D	E

(1) A, B, C, D, E의 값을 각각 구하시오.

(2) 도수가 가장 작은 계급의 상대도수를 구하시오.

(3) 봉사 활동 시간이 4번째로 많은 학생이 속하는 계급의 상대도수를 구하시오.

(4) 봉사 활동 시간이 4시간 미만인 학생은 전체의 몇 %인지 구하시오.

8 오른쪽 그래프는 어느 헌혈의 집에서 한 달 동안 헌혈한 200명의 나이에 대한 상대도수의 분포를 나타낸 것이다. 다음 물음에 답하시오.

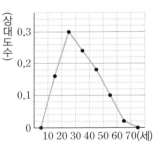

(1) 나이가 20세 이상 30세 미만인 계급의 상대도수를 구하시오.

(2) 나이가 30세 이상 40세 미만인 계급의 도수를 구하시오.

(3) 상대도수가 가장 작은 계급의 도수를 구하시오.

(4) 나이가 50세 이상인 사람은 전체의 몇 %인지 구하시오.

1 아래 줄기와 잎 그림은 유진이네 반 학생들이 미술 조소 과제를 하는 데 걸린 시간을 조사하여 그린 것이다. 다음 중 옳은 것은?

과제 시간　　　(3 | 2는 32분)

줄기				잎			
3	2	3	5	6	7	9	
4	0	1	4	4	5	6	8	9
5	1	2	2	3	5	6	8
6	0	1	2	5			

① 전체 학생은 65명이다.

② 잎이 가장 적은 줄기는 4이다.

③ 과제를 하는 데 걸린 시간이 5번째로 많은 학생의 과제 시간은 85분이다.

④ 과제를 하는 데 걸린 시간이 50분 이상인 학생은 10명 이다.

⑤ 과제를 하는 데 걸린 시간이 가장 많은 학생과 가장 적은 학생의 과제 시간의 차는 33분이다.

2 오른쪽 줄기와 잎 그림은 수영 강습반 회원의 나이를 조사하여 그린 것이다. 나이가 18세보다 적은 회원은 전체의 몇 %인지 구하시오.

회원의 나이　　(0 | 9는 9세)

줄기			잎			
0	9					
1	6	7	9			
2	0	0	1	5	5	8
3	3	7				

3 오른쪽 도수분포표는 학생 50명의 하루 동안의 TV 시청 시간을 조사하여 나타낸 것이다. 다음 중 옳지 않은 것은?

TV 시청 시간(분)	도수(명)
0이상 ~ 30미만	5
30 ~ 60	22
60 ~ 90	A
90 ~ 120	6
120 ~ 150	3
합계	50

① 계급의 개수는 5이다.

② 계급의 크기는 30분이다.

③ A의 값은 13이다.

④ 도수가 가장 큰 계급은 30분 이상 60분 미만이다.

⑤ TV 시청 시간이 세 번째로 긴 학생이 속하는 계급은 120분 이상 150분 미만이다.

4 오른쪽 히스토그램은 어느 편의점에 방문한 고객의 나이를 조사하여 나타낸 것이다. 이때 모든 직사각형의 넓이의 합을 구하시오.

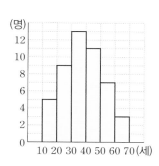

5 오른쪽 히스토그램은 수진이네 반 학생 40명의 국어 성적을 조사하여 나타낸 것인데 일부가 찢어져 보이지 않는다. 국어 성적이 70점 이상 80점 미만인 학생은 전체의 몇 %인가?

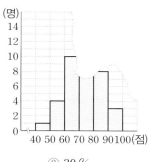

① 20 %　　　② 25 %　　　③ 30 %

④ 35 %　　　⑤ 40 %

6 오른쪽 도수분포다각형은 진호네 반 학생들이 일 년 동안 읽은 책의 수를 조사하여 나타낸 것이다. 책을 13번째로 많이 읽은 학생이 속하는 계급의 도수는?

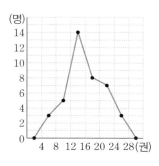

① 5명　　　② 6명

③ 7명　　　④ 8명

⑤ 9명

7 오른쪽 도수분포다각형은 진희네 반 학생들의 공 던지기 기록을 조사하여 나타낸 것이다. 다음 중 옳지 <u>않</u>은 것은?

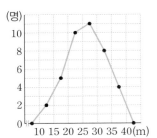

① 계급의 개수는 6이다.
② 전체 학생은 40명이다.
③ 계급의 크기는 10 m이다.
④ 기록이 20 m인 학생이 속하는 계급의 도수는 10명이다.
⑤ 기록이 30 m 이상인 학생은 전체의 30 %이다.

8 다음 중 상대도수에 대한 설명으로 옳지 <u>않은</u> 것을 모두 고르면? (정답 2개)

① 상대도수는 전체 도수에 대한 각 계급의 도수의 비율이다.
② 상대도수의 총합은 1이다.
③ 상대도수는 1 이상이고 10 이하인 수이다.
④ 각 계급의 상대도수는 그 계급의 도수에 정비례한다.
⑤ 상대도수를 각 계급의 도수로 나눈 값은 도수의 총합과 같다.

9 다음 상대도수의 분포표는 지민이네 반 학생들의 한 달 동안의 도서관 이용 횟수를 조사하여 나타낸 것이다. 이때 $A-B$의 값을 구하시오.

이용 횟수(회)	도수(명)	상대도수
1^{이상} ~ 4^{미만}	2	
4 ~ 7	A	0.28
7 ~ 10	6	
10 ~ 13	B	
13 ~ 16	4	
16 ~ 19	1	0.04
합계		

10 오른쪽 그래프는 어느 중학교 학생 50명의 휴대 전화에 등록된 친구 수에 대한 상대도수의 분포를 나타낸 것이다. 등록된 친구가 40명 이상 60명 미만인 학생을 a명, 80명 이상 100명 미만인 학생을 b명이라 할 때, $a+b$의 값은?

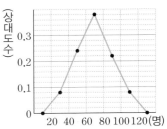

① 11   ② 15   ③ 17
④ 21   ⑤ 23

11 아래 그래프는 어느 중학교 1학년과 2학년 학생들의 일주일 동안의 독서 시간에 대한 상대도수의 분포를 함께 나타낸 것이다. 다음 보기 중 옳은 것을 모두 고른 것은?

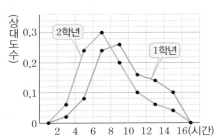

┌ 보기 ┐
ㄱ. 1학년 학생 수와 2학년 학생 수는 같다.
ㄴ. 1학년의 독서 시간이 2학년의 독서 시간보다 대체적으로 더 긴 편이다.
ㄷ. 독서 시간이 6시간 이상 10시간 미만인 1학년 학생은 1학년 학생 전체의 50 %이다.
ㄹ. 2학년 학생이 50명이면 2학년에서 독서 시간이 14시간 이상인 학생은 2명이다.

① ㄱ   ② ㄱ, ㄴ   ③ ㄴ, ㄹ
④ ㄱ, ㄴ, ㄷ   ⑤ ㄴ, ㄷ, ㄹ

개념 ^{PLUS} 연산

정답과 해설

중등 수학
1·2

책 속의 가접 별책 (특허 제 0557442호)

'정답과 해설'은 본책에서 쉽게 분리할 수 있도록 제작되었으므로
유통 과정에서 분리될 수 있으나 파본이 아닌 정상 제품입니다.

visang

1 점, 선, 면, 각

8~17쪽

001 답 ×
선이 움직인 자리는 면이 된다.

002 답 ×
삼각뿔은 입체도형이다.

003 답 ○

004 답 ○

005 답 (1) **5** (2) **8**

006 답 (1) **6** (2) **9**

007 답 (1) **8** (2) **12**

008 답 $\overline{\mathrm{MN}}$(또는 $\overline{\mathrm{NM}}$)

009 답 $\overrightarrow{\mathrm{MN}}$

010 답 $\overrightarrow{\mathrm{NM}}$

011 답 $\overleftrightarrow{\mathrm{MN}}$(또는 $\overleftrightarrow{\mathrm{NM}}$)

012 답 ◄━━━━━━━► l, $\overrightarrow{\mathrm{BC}}$
　　　A　B　C

013 답 ┄━━━━━► l, $\overrightarrow{\mathrm{AC}}$
　　　A　B　C

014 답 ┄━━━━┄ l, $\overline{\mathrm{BA}}$
　　　A　B　C

015 답 ◄━━━━━━━ l, $\overrightarrow{\mathrm{CB}}$
　　　A　B　C

016 답 ④
④ $\overrightarrow{\mathrm{BA}}$와 $\overrightarrow{\mathrm{BC}}$는 뻗어 나가는 방향이 다르므로 서로 다른 반직선이다.

017 답

… , 무수히 많다.

018 답

, 1

019 답 **3**
$\overleftrightarrow{\mathrm{AB}}$, $\overleftrightarrow{\mathrm{AC}}$, $\overleftrightarrow{\mathrm{BC}}$의 3개이다.

020 답 **3**
$\overline{\mathrm{AB}}$, $\overline{\mathrm{AC}}$, $\overline{\mathrm{BC}}$의 3개이다.
(다른 풀이) 세 점이 한 직선 위에 있지 않으므로
(선분의 개수)=(직선의 개수)=3

021 답 **6**
$\overrightarrow{\mathrm{AB}}$, $\overrightarrow{\mathrm{AC}}$, $\overrightarrow{\mathrm{BA}}$, $\overrightarrow{\mathrm{BC}}$, $\overrightarrow{\mathrm{CA}}$, $\overrightarrow{\mathrm{CB}}$의 6개이다.
(다른 풀이) 세 점이 한 직선 위에 있지 않으므로
(반직선의 개수)=(직선의 개수)×2=3×2=6

022 답 **6**
$\overleftrightarrow{\mathrm{AB}}$, $\overleftrightarrow{\mathrm{AC}}$, $\overleftrightarrow{\mathrm{AD}}$, $\overleftrightarrow{\mathrm{BC}}$, $\overleftrightarrow{\mathrm{BD}}$, $\overleftrightarrow{\mathrm{CD}}$의 6개이다.

023 답 **6**
$\overline{\mathrm{AB}}$, $\overline{\mathrm{AC}}$, $\overline{\mathrm{AD}}$, $\overline{\mathrm{BC}}$, $\overline{\mathrm{BD}}$, $\overline{\mathrm{CD}}$의 6개이다.
(다른 풀이) 어느 세 점도 한 직선 위에 있지 않으므로
(선분의 개수)=(직선의 개수)=6

024 답 **12**
$\overrightarrow{\mathrm{AB}}$, $\overrightarrow{\mathrm{AC}}$, $\overrightarrow{\mathrm{AD}}$, $\overrightarrow{\mathrm{BA}}$, $\overrightarrow{\mathrm{BC}}$, $\overrightarrow{\mathrm{BD}}$, $\overrightarrow{\mathrm{CA}}$, $\overrightarrow{\mathrm{CB}}$, $\overrightarrow{\mathrm{CD}}$, $\overrightarrow{\mathrm{DA}}$, $\overrightarrow{\mathrm{DB}}$, $\overrightarrow{\mathrm{DC}}$의 12개이다.
(다른 풀이) 어느 세 점도 한 직선 위에 있지 않으므로
(반직선의 개수)=(직선의 개수)×2=6×2=12

025 답 **1**
$\overleftrightarrow{\mathrm{AB}}(=\overleftrightarrow{\mathrm{AC}}=\overleftrightarrow{\mathrm{BC}})$의 1개이다.

026 답 **3**
$\overline{\mathrm{AB}}$, $\overline{\mathrm{AC}}$, $\overline{\mathrm{BC}}$의 3개이다.

027 답 **4**
$\overrightarrow{\mathrm{AB}}(=\overrightarrow{\mathrm{AC}})$, $\overrightarrow{\mathrm{BA}}$, $\overrightarrow{\mathrm{BC}}$, $\overrightarrow{\mathrm{CA}}(=\overrightarrow{\mathrm{CB}})$의 4개이다.

028 답 **4**

029 답 **5 cm**
(두 점 B, C 사이의 거리)=(선분 BC의 길이)=5 cm

030 답 **6 cm**
(두 점 C, A 사이의 거리)=(선분 CA의 길이)=6 cm

031 답 **5 cm**
(두 점 C, D 사이의 거리)=(선분 CD의 길이)=5 cm

032 답 **3 cm**
(두 점 A, D 사이의 거리)=(선분 AD의 길이)=3 cm

033 답 ○

034 답 ○

035 답 ×

$\overline{AC} = \dfrac{1}{2}\overline{AD}$

036 답 ×

$\overline{BC} = \dfrac{1}{4}\overline{AD}$ ∴ $\overline{AD} = 4\overline{BC}$

037 답 2, 8

038 답 $\dfrac{1}{2}$, 6

039 답 $\dfrac{1}{3}$, 5

040 답 $\dfrac{2}{3}$, 10

041 답 12 cm

$\overline{AM} = \dfrac{1}{2}\overline{AB} = \dfrac{1}{2} \times 24 = 12\,(\text{cm})$

042 답 6 cm

$\overline{MN} = \dfrac{1}{2}\overline{MB} = \dfrac{1}{2}\overline{AM} = \dfrac{1}{2} \times 12 = 6\,(\text{cm})$

043 답 18 cm

$\overline{AN} = \overline{AM} + \overline{MN} = 12 + 6 = 18\,(\text{cm})$

044 답 4 cm

$\overline{NM} = \overline{AN} = 4\,\text{cm}$

045 답 8 cm

$\overline{MB} = \overline{AM} = 2\overline{AN} = 2 \times 4 = 8\,(\text{cm})$

046 답 16 cm

$\overline{AB} = 2\overline{MB} = 2 \times 8 = 16\,(\text{cm})$

047 답 12 cm

$\overline{NB} = \overline{NM} + \overline{MB} = 4 + 8 = 12\,(\text{cm})$

048 답 예각

049 답 직각

050 답 둔각

051 답 직각

052 답 평각

053 답 180°

054 답 90°

055 답 63°, 15°

0°<(예각)<90°이므로 예각은 63°, 15°이다.

056 답 179°, 102°

90°<(둔각)<180°이므로 둔각은 179°, 102°이다.

057 답 180°, 180°, 135°

058 답 75°

105°+∠x=180°이므로

∠x=75°

059 답 80°

40°+∠x+60°=180°이므로

∠x=80°

060 답 55°

35°+90°+∠x=180°이므로

∠x=55°

061 답 15

$5x+7x=180$이므로

$12x=180$ ∴ $x=15$

062 답 20

$2x+3x+4x=180$이므로

$9x=180$ ∴ $x=20$

063 답 25

$(4x+5)+(2x+25)=180$이므로

$6x+30=180,\ 6x=150$

∴ $x=25$

064 답 33

$60+(x-2)+(3x-10)=180$이므로

$4x+48=180,\ 4x=132$

∴ $x=33$

065 답 ∠EOD(또는 ∠DOE)

066 답 ∠AOF(또는 ∠FOA)

067 답 ∠BOC(또는 ∠COB)

068 답 ∠BOF(또는 ∠FOB)

069 탑 $\angle x=62°$, $\angle y=48°$

070 탑 $\angle x=42°$, $\angle y=90°$

071 탑 **60**

맞꼭지각의 크기는 서로 같으므로

$x+20=80$ ∴ $x=60$

072 탑 **30**

맞꼭지각의 크기는 서로 같으므로

$4x-10=x+80$, $3x=90$ ∴ $x=30$

073 탑 **130°, 180°, 50°**

074 탑 $\angle x=60°$, $\angle y=120°$

맞꼭지각의 크기는 서로 같으므로 $\angle x=60°$

$60°+\angle y=180°$이므로 $\angle y=120°$

075 탑 $\angle x=35°$, $\angle y=145°$

맞꼭지각의 크기는 서로 같으므로

$\angle x=2\angle x-35°$ ∴ $\angle x=35°$

$\angle x+\angle y=180°$이므로

$35°+\angle y=180°$ ∴ $\angle y=145°$

076 탑 **80°**

$25°+\angle x+75°=180°$이므로 $\angle x=80°$

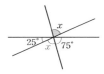

077 탑 **38°**

$90°+\angle x+(\angle x+14°)=180°$이므로

$2\angle x=76°$ ∴ $\angle x=38°$

078 탑 **150°, 60°**

079 탑 **95°**

맞꼭지각의 크기는 서로 같으므로

$125°=30°+\angle x$ ∴ $\angle x=95°$

080 탑 **130°**

맞꼭지각의 크기는 서로 같으므로

$\angle x-10°=72°+48°$ ∴ $\angle x=130°$

081 탑 **105°**

맞꼭지각의 크기는 서로 같으므로

$35°+90°=\angle x+20°$ ∴ $\angle x=105°$

082 탑 ⊥

083 탑 **수선**

084 탑 **수선의 발**

085 탑 **DO(또는 OD)**

086 탑 **점 A**

087 탑 **6 cm**

(점 A와 $\overline{BC}$ 사이의 거리)=(선분 AB의 길이)=6 cm

088 탑 **점 D**

089 탑 **4.8 cm**

(점 B와 $\overline{AC}$ 사이의 거리)=(선분 BD의 길이)=4.8 cm

기본 문제 ✕ 확인하기 18~19쪽

1 (1) 4, 6 (2) 6, 9 (3) 8, 12
2 (1) = (2) ≠ (3) = (4) ≠
3 (1) 6 (2) 6 (3) 12
4 (1) 8 cm (2) 10 cm (3) 9 cm (4) 13 cm
5 (1) 2, 4, 12 (2) $\frac{1}{2}$, $\frac{1}{4}$, 4
6 (1) 18 cm (2) 9 cm (3) 27 cm
7 (1) 180° (2) 57°, 12°, 60° (3) 90° (4) 164°, 111°
8 (1) 27 (2) 15
9 (1) $\angle x=54°$, $\angle y=50°$ (2) $\angle x=22°$, $\angle y=90°$
10 (1) $\angle x=63°$, $\angle y=117°$ (2) $\angle x=160°$, $\angle y=20°$
11 (1) 93° (2) 32°
12 (1) 105° (2) 20°
13 (1) 점 D (2) 15 cm (3) 8 cm

3 (1) $\overrightarrow{AB}$, $\overrightarrow{AC}$, $\overrightarrow{AD}$, $\overrightarrow{BC}$, $\overrightarrow{BD}$, $\overrightarrow{CD}$의 6개이다.
(2) $\overline{AB}$, $\overline{AC}$, $\overline{AD}$, $\overline{BC}$, $\overline{BD}$, $\overline{CD}$의 6개이다.
(3) $\overrightarrow{AB}$, $\overrightarrow{BA}$, $\overrightarrow{AC}$, $\overrightarrow{CA}$, $\overrightarrow{AD}$, $\overrightarrow{DA}$, $\overrightarrow{BC}$, $\overrightarrow{CB}$, $\overrightarrow{BD}$, $\overrightarrow{DB}$, $\overrightarrow{CD}$, $\overrightarrow{DC}$
의 12개이다.

다른 풀이 (2) 어느 세 점도 한 직선 위에 있지 않으므로
(선분의 개수)=(직선의 개수)=6
(3) 어느 세 점도 한 직선 위에 있지 않으므로
(반직선의 개수)=(직선의 개수)×2=6×2=12

4 (1) (두 점 A, B 사이의 거리)=(선분 AB의 길이)=8 cm
(2) (두 점 B, C 사이의 거리)=(선분 BC의 길이)=10 cm
(3) (두 점 C, D 사이의 거리)=(선분 CD의 길이)=9 cm
(4) (두 점 A, C 사이의 거리)=(선분 AC의 길이)=13 cm

5 (1) $\overline{BC}=3$ cm일 때,

$\overline{AD}=\boxed{2}\,\overline{BD}=2\times2\overline{BC}=\boxed{4}\,\overline{BC}=4\times3=\boxed{12}$ (cm)

(2) $\overline{AD}=16$ cm일 때,

$\overline{CD}=\boxed{\dfrac{1}{2}}\,\overline{BD}=\dfrac{1}{2}\times\dfrac{1}{2}\,\overline{AD}=\boxed{\dfrac{1}{4}}\,\overline{AD}=\dfrac{1}{4}\times16=\boxed{4}$ (cm)

6 (1) $\overline{AM}=\dfrac{1}{2}\,\overline{AB}=\dfrac{1}{2}\times36=18$ (cm)

(2) $\overline{MN}=\dfrac{1}{2}\,\overline{MB}=\dfrac{1}{2}\times\dfrac{1}{2}\,\overline{AB}=\dfrac{1}{4}\times36=9$ (cm)

(3) $\overline{AN}=\overline{AM}+\overline{MN}=18+9=27$ (cm)

7 (2) $0°<$ (예각) $<90°$이므로 예각은 $57°$, $12°$, $60°$이다.

(4) $90°<$ (둔각) $<180°$이므로 둔각은 $164°$, $111°$이다.

8 (1) $90+x+(3x-18)=180$이므로

$4x=108$ $\therefore x=27$

(2) $(3x-15)+90+(2x+30)=180$이므로

$5x=75$ $\therefore x=15$

10 (1) 맞꼭지각의 크기는 서로 같으므로

$\angle x=63°$

$\angle x+\angle y=180°$이므로

$63°+\angle y=180°$ $\therefore \angle y=117°$

(2) 맞꼭지각의 크기는 서로 같으므로

$3\angle y-40°=\angle y$

$2\angle y=40°$ $\therefore \angle y=20°$

$\angle x+\angle y=180°$이므로

$\angle x+20°=180°$ $\therefore \angle x=160°$

11 (1) $52°+\angle x+35°=180°$이므로

$\angle x=93°$

(2) $\angle x+90°+(2\angle x-6°)=180°$이므로

$3\angle x=96°$ $\therefore \angle x=32°$

12 (1) 맞꼭지각의 크기는 서로 같으므로

$130°=25°+\angle x$ $\therefore \angle x=105°$

(2) 맞꼭지각의 크기는 서로 같으므로

$4\angle x+30°=90°+\angle x$

$3\angle x=60°$ $\therefore \angle x=20°$

13 (2) (점 B와 $\overline{CD}$ 사이의 거리) = (선분 BC의 길이) = 15 cm

(3) (점 D와 $\overline{BC}$ 사이의 거리) = (선분 CD의 길이) = 8 cm

학교 시험 문제 × 확인하기　20~21쪽

1 ㄴ, ㄹ	**2** ③	**3** ①, ④	**4** ③	**5** ⑤
6 16 cm	**7** 28°	**8** ②	**9** 100°	**10** ③
11 15	**12** 80	**13** ④, ⑤	**14** ⑤	

1 ㄴ. 선과 면이 만날 때도 교점이 생긴다.

ㄹ. 면과 면이 만나면 교선이 생긴다. 이때 교선은 직선일 수도 있고 곡선일 수도 있다.

2 $a=$ (교점의 개수) = (꼭짓점의 개수) = 6

$b=$ (교선의 개수) = (모서리의 개수) = 10

$\therefore a+b=6+10=16$

3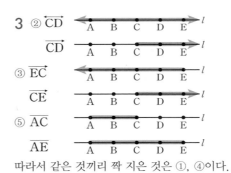

따라서 같은 것끼리 짝 지은 것은 ①, ④이다.

4 $\overrightarrow{AB}$, $\overrightarrow{AC}$, $\overrightarrow{AD}$, $\overrightarrow{AE}$, $\overrightarrow{BC}$, $\overrightarrow{BD}$, $\overrightarrow{BE}$, $\overrightarrow{CD}$, $\overrightarrow{CE}$, $\overrightarrow{DE}$의 10개이다.

5 ⑤ $\overline{AM}=\overline{MN}=\overline{NB}$이므로

$\overline{MB}=\overline{MN}+\overline{NB}=2\overline{AM}$ $\therefore \overline{AM}=\dfrac{1}{2}\,\overline{MB}$

6 $\overline{AM}=\overline{MB}$, $\overline{BN}=\overline{NC}$이므로

$\overline{AC}=\overline{AB}+\overline{BC}$

$\quad=2\overline{MB}+2\overline{BN}$

$\quad=2(\overline{MB}+\overline{BN})$

$\quad=2\overline{MN}$

$\quad=2\times8=16$ (cm)

7 $\angle x+(2\angle x+6°)=90°$이므로

$3\angle x=84°$ $\therefore \angle x=28°$

8 $4x+5x+6x=180$이므로

$15x=180$ $\therefore x=12$

9 맞꼭지각의 크기는 서로 같으므로

$8x+20=6x+40$, $2x=20$ $\therefore x=10$

$\therefore \angle AOC=8x°+20°=8\times10°+20°=100°$

4　정답과 해설

10 맞꼭지각의 크기는 서로 같으므로

$\angle x = 58°$

$58° + 82° + \angle y = 180°$이므로 $\angle y = 40°$

$\therefore \angle x - \angle y = 58° - 40° = 18°$

11 $(3x° + 45°) + 2x° + (5x° - 15°) = 180°$

이므로

$10x° = 150°$ $\therefore x = 15$

12 맞꼭지각의 크기는 서로 같으므로

$50 + 90 = x + 30$ $\therefore x = 110$

$50 + 90 + (y + 10) = 180$이므로 $y = 30$

$\therefore x - y = 110 - 30 = 80$

13 ④ 점 A와 $\overline{PQ}$ 사이의 거리는 선분 AH의 길이와 같다.

⑤ 점 Q에서 $\overline{AB}$에 내린 수선의 발은 점 H이다.

14 ⑤ 점 D와 $\overline{BC}$ 사이의 거리는 선분 DC의 길이와 같으므로 2cm이다.

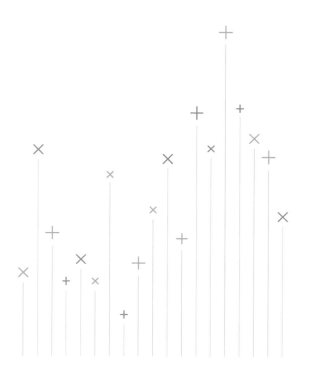

001 답 ○

002 답 ×

점 D는 직선 m 위에 있다.

003 답 ○

004 답 ×

직선 m은 두 점 B, D를 지난다.

005 답 ○

006 답 점 D, 점 E, 점 F

007 답 점 A, 점 B, 점 C

008 답 점 C, 점 F

009 답 점 A, 점 D

010 답 면 ADFC, 면 DEF

011 답 $\overline{AD}$, $\overline{BC}$

012 답 $\overline{AB}$, $\overline{CD}$

013 답 $\overline{DC}$

014 답 $\overline{BC}$

015 답 $\overline{AB} /\!/ \overline{DC}$, $\overline{AD} /\!/ \overline{BC}$

016 답 ○

017 답 ×

018 답 ○

019 답 ×

020 답 ○

021 답 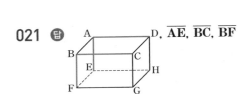 $\overline{AE}$, $\overline{BC}$, $\overline{BF}$

022 답 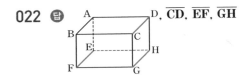 $\overline{CD}$, $\overline{EF}$, $\overline{GH}$

023 답 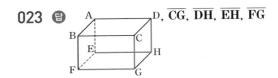 $\overline{CG}$, $\overline{DH}$, $\overline{EH}$, $\overline{FG}$

024 답 $\overline{AB}$, $\overline{BC}$, $\overline{DE}$, $\overline{EF}$

025 답 $\overline{AD}$, $\overline{CF}$

026 답 $\overline{AC}$, $\overline{DF}$

027 답 $\overline{AB}$, $\overline{BC}$, $\overline{DE}$, $\overline{EF}$, $\overline{AD}$, $\overline{CF}$
두 직선이 한 평면 위에 있으면 한 점에서 만나거나 평행하다.
모서리 BE와 한 점에서 만나는 모서리: $\overline{AB}$, $\overline{BC}$, $\overline{DE}$, $\overline{EF}$
모서리 BE와 평행한 모서리: $\overline{AD}$, $\overline{CF}$

028 답 $\overline{BD}$

029 답 $\overline{AD}$

030 답 $\overline{AB}$

031 답 $\overline{AD}$, $\overline{EH}$, $\overline{CD}$, $\overline{GH}$

032 답 $\overline{AE}$, $\overline{BF}$, $\overline{EH}$, $\overline{FG}$

033 답 $\overline{BF}$, $\overline{CG}$, $\overline{EF}$, $\overline{GH}$

034 답 ○

035 답 ×
$\overline{HI}$와 $\overline{DE}$는 꼬인 위치에 있다.

036 답 ○
$\overline{BG}$와 평행한 모서리는 $\overline{CH}$, $\overline{DI}$, $\overline{EJ}$, $\overline{AF}$의 4개이다.

037 답 ○

038 답 ○

039 답 ×
$\overline{AB}$와 $\overline{FG}$는 평행하다.

040 답 ○

041 답 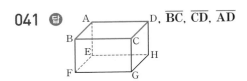 $\overline{BC}$, $\overline{CD}$, $\overline{AD}$

042 답 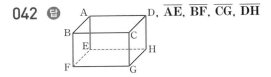 $\overline{AE}$, $\overline{BF}$, $\overline{CG}$, $\overline{DH}$

043 답 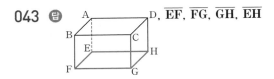 $\overline{EF}$, $\overline{FG}$, $\overline{GH}$, $\overline{EH}$

044 답 면 ABCD, 면 BFGC

045 답 면 ABCD, 면 EFGH

046 답 면 ABCD, 면 BFGC

047 답 면 BEFC, 면 DEF

048 답 $\overline{AB}$, $\overline{DE}$

049 답 $\overline{AD}$, $\overline{BE}$, $\overline{CF}$

050 답 $\overline{AB}$, $\overline{AC}$, $\overline{DE}$, $\overline{DF}$

051 답 면 ADFC

052 답 면 ABC, 면 DEF

053 답 $\overline{DE}$, $\overline{EF}$, $\overline{FG}$, $\overline{DG}$

054 답 $\overline{AB}$, $\overline{AC}$, $\overline{BE}$, $\overline{EF}$, $\overline{DG}$

055 답 $\overline{AD}$, $\overline{BF}$, $\overline{CG}$

056 답 면 ADGC

057 답 면 ABC, 면 DEFG

058 답 **4 cm**

점 A와 면 BFGC 사이의 거리는 점 A에서 면 BFGC에 내린 수선의 발 C까지의 거리이다.
$\overline{AC}$의 길이는 $\overline{EF}$의 길이와 같으므로 4 cm이다.

059 답 , 면 ABFE, 면 EFGH, 면 CGHD

060 답 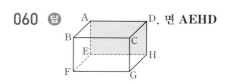, 면 AEHD

061 답 면 ABCD, 면 BFGC, 면 EFGH, 면 AEHD

062 답 면 CGHD

063 답 면 ABCD, 면 BFGC, 면 EFGH, 면 AEHD

064 답 면 ABCD, 면 BFGC

065 답 ∠f

066 답 ∠h

067 답 ∠a

068 답 ∠c

069 답 ∠f

070 답 ∠e

071 답 ∠c

072 답 ∠d

073 답 d, 60°, 120°

074 답 b, 85°

075 답 e, 80°

076 답 c, 95°, 85°

077 답 75°

078 답 **70°**

∠e의 동위각은 ∠c이므로
∠c=180°-110°=70°

079 답 **105°**

∠b의 엇각은 ∠f이므로
∠f=180°-75°=105°

080 답 **110°**

∠f의 엇각은 ∠b이므로
∠b=110° (맞꼭지각)

081 답 **40°**

∠b의 동위각은 ∠d이므로
∠d=180°-140°=40°

082 답 **55°**

083 답 **125°**

∠e의 엇각은 ∠a이므로
∠a=180°-55°=125°

084 답 **55°**

085 답 **110°**

086 답 **50°**

087 답 **75°**

088 답 **65°**

089 답 **120°**

090 답 **90°**

091 답 **65°, 115°, 115°**

092 답 ∠x=130°, ∠y=130°

∠x=180°-50°=130°
∠y=∠x=130° (엇각)

093 답 ∠x=70°, ∠y=110°

∠x=70° (동위각)
∠y=180°-70°=110°

094 답 ∠x=107°, ∠y=73°

∠x=107° (엇각)
∠y=180°-107°=73°

095 답 55°, 65°

096 답 45°

70°+65°+∠x=180°이므로

∠x=45°

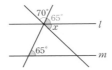

097 답 80°

64°+∠x+36°=180°이므로

∠x=80°

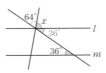

098 답 70°

40°+∠x+70°=180°이므로

∠x=70°

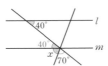

099 답 115°, 50°, 50°, 130°

100 답 ∠x=44°, ∠y=136°

58°+∠x=102°(동위각)

∴ ∠x=44°

∠y=180°−44°=136°

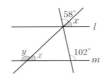

101 답 ∠x=85°, ∠y=95°

∠x+45°=130°(동위각)

∴ ∠x=85°

∠y=180°−85°=95°

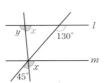

102 답 ∠x=60°, ∠y=120°

∠x+63°=123°(엇각)

∴ ∠x=60°

∠y=180°−60°=120°

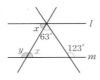

103 답 25°, 30°, 55°

104 답 65°

오른쪽 그림과 같이 두 직선 l, m에 평행한

직선 n을 그으면

∠x=40°+25°=65°

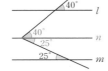

105 답 73°

오른쪽 그림과 같이 두 직선 l, m에 평행한

직선 n을 그으면

∠x=45°+28°=73°

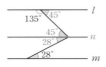

106 답 64°

오른쪽 그림과 같이 두 직선 l, m에 평행한

직선 n을 그으면

20°+∠x=84°

∴ ∠x=64°

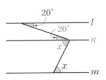

107 답 20°, 30°, 30°, 29°, 59°

108 답 65°

오른쪽 그림과 같이 두 직선 l, m에 평행한

직선 p, q를 각각 그으면

∠x=25°+40°=65°

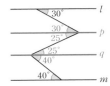

109 답 20°

오른쪽 그림과 같이 두 직선 l, m에 평행한

직선 p, q를 각각 그으면

∠x=20°(동위각)

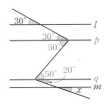

110 답 110°

오른쪽 그림과 같이 두 직선 l, m에 평행한

직선 p, q를 각각 그으면

∠x=85°+25°=110°

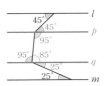

111 답 50°, 50°, 50°, 50°, 80°

112 답 100°

오른쪽 그림에서

∠CAB=∠ABD=40°(엇각)

∠ABC=∠ABD=40°(접은 각)

삼각형 CBA에서

∠x+40°+40°=180° ∴ ∠x=100°

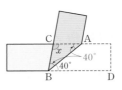

113 답 36°

오른쪽 그림에서

∠ABD=∠CAB=∠x(엇각)

∠ABC=∠ABD=∠x(접은 각)

∠ACB=180°−72°=108°

삼각형 CBA에서

108°+∠x+∠x=180°, 2∠x=72°

∴ ∠x=36°

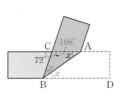

114 답 40°

오른쪽 그림에서

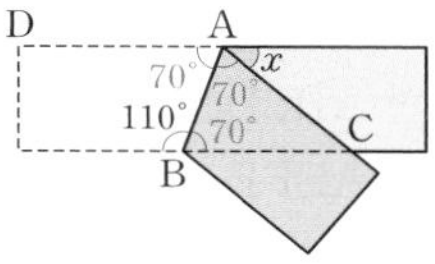

$\angle ABC = 180° - 110° = 70°$

$\angle DAB = \angle ABC = 70°$(엇각)

$\angle CAB = \angle DAB = 70°$(접은 각)

$70° + 70° + \angle x = 180°$ ∴ $\angle x = 40°$

115 답 ×

동위각의 크기가 같지 않으므로 두 직선 l, m은 평행하지 않다.

116 답 ○

엇각의 크기가 80°로 같으므로 두 직선 l, m은 평행하다.

117 답 ×

오른쪽 그림에서

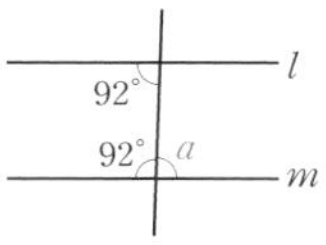

$\angle a = 180° - 92° = 88°$

즉, 엇각의 크기가 같지 않으므로 두 직선 l, m은 평행하지 않다.

118 답 ○

오른쪽 그림에서

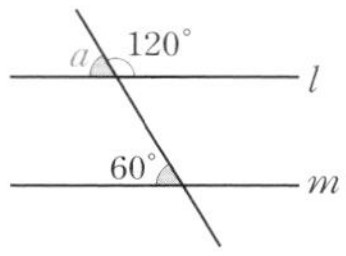

$\angle a = 180° - 120° = 60°$

즉, 동위각의 크기가 60°로 같으므로 두 직선 l, m은 평행하다.

119 답 $l \parallel n$

오른쪽 그림에서 두 직선 l, n은 동위각의 크기가 108°로 같으므로 평행하다.

∴ $l \parallel n$

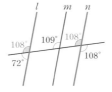

120 답 $l \parallel m$

오른쪽 그림에서 두 직선 l, m은 동위각의 크기가 93°로 같으므로 평행하다.

∴ $l \parallel m$

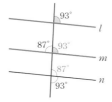

121 답 $l \parallel n$

오른쪽 그림에서 두 직선 l, n은 동위각의 크기가 63°로 같으므로 평행하다.

∴ $l \parallel n$

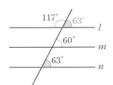

---

1 (1) 점 B, 점 C (2) 점 A, 점 D, 점 E

 (3) 점 A, 점 C, 점 E (4) 점 B, 점 D

2 (1) 점 A, 점 B, 점 E, 점 F (2) 점 A, 점 D, 점 E, 점 H

 (3) 점 A, 점 D, 점 E, 점 H (4) 점 A, 점 B, 점 E, 점 F

3 (1) $\overline{AD}$, $\overline{BC}$ (2) $\overline{AD}$, $\overline{BC}$ (3) $\overline{BC}$ (4) $\overline{AD} \parallel \overline{BC}$

4 (1) $\overline{CD}$, $\overline{GL}$, $\overline{IJ}$ (2) $\overline{CI}$, $\overline{DJ}$ (3) 면 ABCDEF, 면 DJKE

 (4) $\overline{AG}$, $\overline{FL}$, $\overline{EK}$, $\overline{DJ}$, $\overline{EF}$, $\overline{KL}$

 (5) 면 ABHG, 면 BHIC, 면 CIJD, 면 DJKE, 면 EKLF, 면 AGLF

 (6) 면 CIJD, 면 DJKE

5 (1) $\overline{CF}$, $\overline{DF}$, $\overline{EF}$ (2) $\overline{BE}$, $\overline{CF}$, $\overline{DE}$, $\overline{DF}$

 (3) 면 ABC, 면 DEF (4) 면 ABED

 (5) 면 ABED, 면 BEFC, 면 ADFC (6) 면 ABC

6 (1) 65° (2) 115° (3) 120°

7 (1) $\angle x = 67°$, $\angle y = 113°$ (2) $\angle x = 112°$, $\angle y = 68°$

8 (1) $\angle x = 40°$, $\angle y = 140°$ (2) $\angle x = 64°$, $\angle y = 116°$

9 (1) 75° (2) 68°

10 (1) 64° (2) 51°

11 (1) ○ (2) ×

---

6 (1) $\angle d$의 동위각은 $\angle b$이므로

$\angle b = 65°$(맞꼭지각)

(2) $\angle e$의 동위각은 $\angle c$이므로

$\angle c = 180° - 65° = 115°$

(3) $\angle a$의 엇각은 $\angle e$이므로

$\angle e = 120°$(맞꼭지각)

7 (1) $\angle x = 67°$(동위각)

$\angle y = 180° - 67° = 113°$

(2) $\angle x = 112°$(엇각)

$\angle y = 180° - 112° = 68°$

8 (1) $68° + 72° + \angle x = 180°$이므로

$\angle x = 40°$

$\angle y = 180° - 40° = 140°$

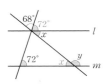

(2) $48° + \angle x = 112°$(동위각)

∴ $\angle x = 64°$

$\angle y = 180° - 64° = 116°$

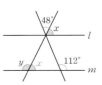

9 (1) 오른쪽 그림과 같이 두 직선 l, m에 평행한 직선 n을 그으면

$\angle x = 40° + 35° = 75°$

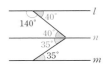

(2) 오른쪽 그림과 같이 두 직선 l, m에 평행한 직선 n을 그으면

$38° + \angle x = 106°$

$\therefore \ \angle x = 68°$

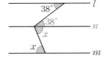

10 (1) 오른쪽 그림과 같이 두 직선 l, m에 평행한 직선 p, q를 각각 그으면

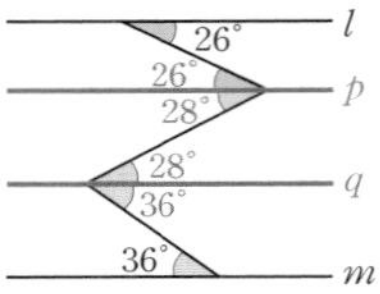

$\angle x = 28° + 36° = 64°$

(2) 오른쪽 그림과 같이 두 직선 l, m에 평행한 직선 p, q를 각각 그으면

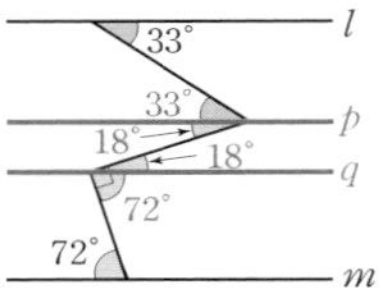

$\angle x = 33° + 18° = 51°$

11 (1) 엇각의 크기가 70°로 같으므로 두 직선 l, m은 평행하다.

(2) 오른쪽 그림에서

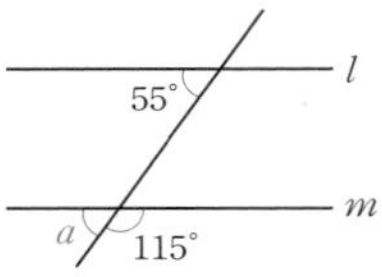

$\angle a = 180° - 115° = 65°$

즉, 동위각의 크기가 같지 않으므로 두 직선 l, m은 평행하지 않다.

학교 시험 문제 × 확인하기 (40~41쪽)

1 ③ 2 ㄱ, ㄷ 3 ⑤ 4 ③, ④ 5 8
6 ②, ④ 7 34° 8 ② 9 38° 10 ③
11 ③ 12 $\angle x = 48°$, $\angle y = 66°$ 13 ②
14 $l /\!/ n$, $p /\!/ q$

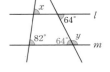

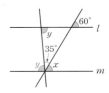

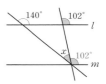

1 ③ 점 C는 직선 m 위에 있다.

2 ㄱ. 직선 l 위에 있지 않은 점은 점 C, 점 D의 2개이다.

ㄴ. 평면 P 위에 직선 l이 있으므로 두 점 A, B는 직선 l 위에 있고 평면 P 위에 있다.

ㄹ. 점 D는 평면 P 위에 있지 않다.

따라서 옳은 것은 ㄱ, ㄷ이다.

3 ⑤ 꼬인 위치는 공간에서 두 직선의 위치 관계에서만 존재한다.

4 ① $\overline{AB}$와 $\overline{DF}$는 꼬인 위치에 있다.

② $\overline{AC}$와 $\overline{DE}$는 꼬인 위치에 있다.

⑤ $\overline{AD}$에 평행한 모서리는 $\overline{BE}$, $\overline{CF}$의 2개이다.

따라서 옳은 것은 ③, ④이다.

5 모서리 BC와 꼬인 위치에 있는 모서리는 $\overline{AE}$, $\overline{DH}$, $\overline{EF}$, $\overline{HG}$의 4개이므로 $a=4$

면 ABCD와 수직인 면은

면 ABFE, 면 BFGC, 면 DHGC, 면 AEHD의 4개이므로 $b=4$

$\therefore \ a+b=4+4=8$

6 ② $\angle b$의 엇각은 $\angle f$이다.

③ $\angle c = 180° - 80° = 100°$

④ $\angle d$의 맞꼭지각은 $\angle f$이므로

$\angle f = 180° - 120° = 60°$

⑤ $\angle e$의 엇각은 $\angle a$이므로

$\angle a = 180° - 80° = 100°$

따라서 옳지 않은 것은 ②, ④이다.

7 오른쪽 그림에서 $l /\!/ m$이므로

$\angle x = 82°$(동위각)

$64° + \angle y = 180°$이므로

$\angle y = 116°$

$\therefore \ \angle y - \angle x = 116° - 82° = 34°$

8 오른쪽 그림에서 $l /\!/ m$이므로

$\angle x = 60°$(동위각)

$\angle y + 35° + \angle x = 180°$이므로

$\angle y + 35° + 60° = 180°$

$\therefore \ \angle y = 85°$

$\therefore \ \angle y - \angle x = 85° - 60° = 25°$

9 오른쪽 그림에서 $l /\!/ m$이므로

$\angle x + 102° = 140°$(동위각)

$\therefore \ \angle x = 38°$

10 오른쪽 그림과 같이 두 직선 l, m에 평행한 직선 n을 그으면

$30° + \angle x = 90°$

$\therefore \ \angle x = 60°$

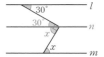

11 오른쪽 그림과 같이 두 직선 l, m에 평행한 직선 p, q를 각각 그으면

$\angle x = 105° + 25° = 130°$

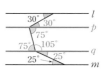

12 오른쪽 그림에서 $\angle x = 48°$(엇각)

$\angle DAC = \angle ACB = \angle y$(엇각)

$\angle BAC = \angle DAC = \angle y$(접은 각)

$48° + \angle y + \angle y = 180°$, $2\angle y = 132°$

$\therefore \ \angle y = 66°$

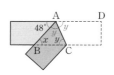

13 ①, ③ 동위각의 크기가 같으므로 두 직선 l, m은 평행하다.

② 오른쪽 그림에서

    $\angle a = 180° - 120° = 60°$
    즉, 동위각의 크기가 같지 않으므로
    두 직선 l, m은 평행하지 않다.

④ 오른쪽 그림에서
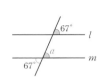
    $\angle a = 180° - 110° = 70°$
    즉, 엇각의 크기가 같으므로
    두 직선 l, m은 평행하다.

⑤ 오른쪽 그림에서

    $\angle a = 67°$(맞꼭지각)
    즉, 동위각의 크기가 같으므로
    두 직선 l, m은 평행하다.
따라서 두 직선 l, m이 평행하지 않은 것은 ②이다.

14 오른쪽 그림에서 두 직선 l, n은 엇각의 크기가 55°로 같으므로 평행하다.
$\therefore l /\!/ n$
두 직선 p, q는 동위각의 크기가 72°로 같으므로 평행하다.
$\therefore p /\!/ q$

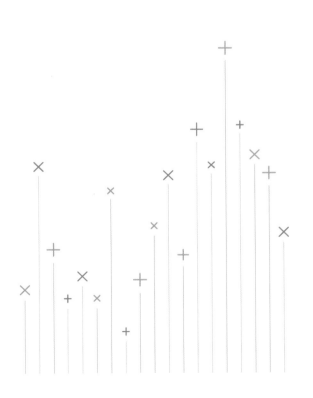

3 작도와 합동

001 답 ×
선분을 그리거나 연장할 때 눈금 없는 자를 사용한다.

002 답 ○

003 답 ○

004 답 ×
주어진 선분의 길이를 다른 직선 위로 옮길 때 컴퍼스를 사용한다.

005 답 눈금 없는 자

006 답 컴퍼스

007 답 ㉠, ㉢
㉡ 눈금 없는 자로 직선 l을 긋고, 그 위에 점 P를 잡는다.
㉠ 컴퍼스로 $\overline{AB}$의 길이를 잰다.
㉢ 점 P를 중심으로 반지름의 길이가 $\overline{AB}$인 원을 그려 직선 l과의 교점을 Q라 한다. ➡ $\overline{PQ} = \overline{AB}$
따라서 작도 순서는 ㉡ → ㉠ → ㉢이다.

008 답 ㉢, ㉡, ㉤, ㉣
㉠ 점 O를 중심으로 적당한 반지름을 가지는 원을 그려 $\overrightarrow{OX}$, $\overrightarrow{OY}$와의 교점을 각각 P, Q라 한다.
㉢ 점 A를 중심으로 반지름의 길이가 $\overline{OP}$인 원을 그려 $\overrightarrow{AB}$와의 교점을 C라 한다.
㉡ 컴퍼스로 $\overline{PQ}$의 길이를 잰다.
㉤ 점 C를 중심으로 반지름의 길이가 $\overline{PQ}$인 원을 그려 ㉢에서 그린 원과의 교점을 D라 한다.
㉣ $\overrightarrow{AD}$를 긋는다. ➡ $\angle DAC = \angle XOY$
따라서 작도 순서는 ㉠ → ㉢ → ㉡ → ㉤ → ㉣이다.

009 답 $\overline{OQ}$, $\overline{AC}$

010 답 $\overline{CD}$

011 답 $\angle DAC$

012 답 ㉠, ㉤, ㉡, ㉥, ㉢, ㉣
㉠ 점 P를 지나는 직선을 그어 직선 l과의 교점을 A라 한다.
㉤ 점 A를 중심으로 적당한 반지름을 가지는 원을 그려 $\overrightarrow{PA}$, 직선 l과의 교점을 각각 B, C라 한다.

ⓛ 점 P를 중심으로 반지름의 길이가 $\overline{AB}$인 원을 그려 $\overrightarrow{PA}$와의 교점을 Q라 한다.
ⓗ 컴퍼스로 $\overline{BC}$의 길이를 잰다.
ⓒ 점 Q를 중심으로 반지름의 길이가 $\overline{BC}$인 원을 그려 ⓛ에서 그린 원과의 교점을 R라 한다.
ⓔ $\overrightarrow{PR}$를 긋는다. ➡ $\overrightarrow{PR} /\!/ l$
따라서 작도 순서는 ㉠ → ㉫ → ㉡ → ㉂ → ㉢ → ㉣이다.

013 답 $\overline{AC}$, $\overline{PR}$

014 답 $\overline{QR}$

015 답 $\angle QPR$

016 답 $\overline{BC}$

017 답 $\overline{AC}$

018 답 $\overline{AB}$

019 답 $\angle C$

020 답 $\angle A$

021 답 $\angle B$

022 답 <, ○
$8 < 6 + 7$이므로 삼각형이 만들어진다.

023 답 >, ×
$11 > 4 + 6$이므로 삼각형이 만들어지지 않는다.

024 답 ○
$5 < 3 + 3$이므로 삼각형이 만들어진다.

025 답 ×
$10 = 3 + 7$이므로 삼각형이 만들어지지 않는다.

026 답 ×
$9 = 4 + 5$이므로 삼각형이 만들어지지 않는다.

027 답 ○
$11 < 6 + 7$이므로 삼각형이 만들어진다.

028 답 ❶ a ❷ B, c ❸ C, b, A

029 답 ㉫, ㉡, ㉣

030 답 ❷ B, a ❸ B, c, A

031 답 ㉧, ㉡, ㉢

032 답 ❶ a ❸ C ❹ A

033 답 ㉢, ㉫, ㉠

034 답 ×
세 각의 크기가 각각 같은 삼각형은 무수히 많이 존재하므로 △ABC는 하나로 정해지지 않는다.

035 답 ㄷ
한 변의 길이와 그 양 끝 각의 크기가 주어졌으므로 △ABC는 하나로 정해진다.

036 답 ×
∠B는 $\overline{AB}$와 $\overline{CA}$의 끼인각이 아니므로 △ABC는 하나로 정해지지 않는다.

037 답 ㄱ
세 변의 길이가 주어졌고 $6 < 4 + 5$이므로 △ABC는 하나로 정해진다.

038 답 ㄴ
두 변의 길이와 그 끼인각의 크기가 주어졌으므로 △ABC는 하나로 정해진다.

039 답 ×
세 변의 길이가 주어졌지만 $10 > 6 + 3$이므로 △ABC가 그려지지 않는다.

040 답 ○
∠A는 $\overline{AB}$와 $\overline{CA}$의 끼인각이므로 △ABC는 하나로 정해진다.

041 답 ○
$\angle A = 180° - (\angle B + \angle C) = 180° - (80° + 20°) = 80°$이다.
따라서 한 변의 길이와 그 양 끝 각의 크기가 주어진 경우와 같으므로 △ABC는 하나로 정해진다.

042 답 ㄴ, ㄷ
ㄱ. 조건 $\overline{CA} = 1\,cm$가 주어질 때,
　　$5 = 4 + 1$이므로 삼각형이 만들어지지 않는다.
ㄴ. 조건 $\overline{CA} = 6\,cm$가 주어질 때,
　　$6 < 4 + 5$이므로 △ABC가 하나로 정해진다.

ㄷ. 조건 ∠B=90°가 주어질 때, ∠B는 $\overline{AB}$와 $\overline{BC}$의 끼인각이므로
△ABC가 하나로 정해진다.

ㄹ. 조건 ∠C=25°가 주어질 때, ∠C는 $\overline{AB}$와 $\overline{BC}$의 끼인각이 아
니므로 △ABC가 하나로 정해지지 않는다.

따라서 필요한 나머지 한 조건은 ㄴ, ㄷ이다.

043 답 △EFD

044 답 사각형 KLIJ

045 답 점 H

046 답 점 F

047 답 $\overline{GF}$

048 답 $\overline{FE}$

049 답 ∠G

050 답 ∠E

051 답 $\overline{DF}$, 3

052 답 **5.5 cm**
$\overline{EF}$의 대응변은 $\overline{BC}$이므로 $\overline{EF}=\overline{BC}=5.5\,cm$

053 답 **87°**
∠A의 대응각은 ∠D이므로 ∠A=∠D=87°

054 답 **60°**
∠F의 대응각은 ∠C이므로 ∠F=∠C=60°

055 답 **6.6 cm**
$\overline{BC}$의 대응변은 $\overline{FG}$이므로 $\overline{BC}=\overline{FG}=6.6\,cm$

056 답 **5 cm**
$\overline{EH}$의 대응변은 $\overline{AD}$이므로 $\overline{EH}=\overline{AD}=5\,cm$

057 답 **130°**
∠D의 대응각은 ∠H이므로 ∠D=∠H=130°

058 답 **70°**
∠E의 대응각은 ∠A이므로 ∠E=∠A=70°

059 답 ○

060 답 ○

061 답 ○

062 답 ×
모양이 같아도 크기가 다르면 합동이 아니다.

063 답 ○

064 답 ×
오른쪽 그림의 두 직사각형은 넓이
가 24 cm²로 같지만 합동이 아니다.

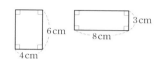

065 답 △PRQ, SSS

066 답 △LKJ, SAS

067 답 △NMO, ASA

068 답 ○
대응하는 세 변의 길이가 각각 같으므로 SSS 합동이다.

069 답 ×
대응하는 두 변의 길이가 각각 같지만 그 끼인각이 아닌 다른 한 각의
크기가 같으므로 △ABC와 △DEF는 서로 합동이라고 할 수 없다.

070 답 ○
대응하는 한 변의 길이가 같고, 그 양 끝 각의 크기가 각각 같으므로
ASA 합동이다.

071 답 ○
대응하는 두 변의 길이가 각각 같고, 그 끼인각의 크기가 같으므로
SAS 합동이다.

072 답 ×
대응하는 세 각의 크기가 각각 같으면 모양은 같으나 크기가 다를 수
있으므로 △ABC와 △DEF는 서로 합동이라고 할 수 없다.

073 답 ㄴ

074 답 ㄹ

075 답 ㄱ, ㄴ, ㄷ
△ABC와 △DEF는 ∠A=∠D, ∠B=∠E이므로 ∠C=∠F이
다. 두 삼각형이 ASA 합동이 되려면 대응하는 한 변의 길이가 같
고, 그 양 끝 각의 크기가 각각 같아야 하므로 필요한 조건은
$\overline{AB}=\overline{DE}$ 또는 $\overline{AC}=\overline{DF}$ 또는 $\overline{BC}=\overline{EF}$ 중 하나이다.

076 답 △CBD, SSS 합동

△ABD와 △CBD에서

$\overline{AB}=\overline{CB}$, $\overline{AD}=\overline{CD}$, $\overline{BD}$는 공통

∴ △ABD≡△CBD (SSS 합동)

077 답 45°

∠CBD=∠ABD=45°

078 답 △CDA, SAS 합동

△ABC와 △CDA에서

$\overline{BC}=\overline{DA}$, ∠BCA=∠DAC, $\overline{AC}$는 공통

∴ △ABC≡△CDA (SAS 합동)

079 답 65°

∠ADC=∠ABC=65°

기본 문제 × 확인하기   54~55쪽

1 ❶ P ❷ $\overline{AB}$ ❸ P, $\overline{AB}$, Q

2 ❶ P, Q ❷ C ❸ $\overline{PQ}$

3 (1) ㉠, ㉢, ㉣, ㉥, ㉤, ㉡ (2) $\overline{BQ}$, $\overline{DP}$ (3) $\overline{CD}$ (4) ∠CPD

4 (1) × (2) ○ (3) × (4) ○

5 (1) × (2) ○ (3) × (4) ○ (5) ×

6 (1) ○ (2) ○ (3) × (4) ×

7 (1) 8 cm (2) 7 cm (3) 65° (4) 130°

8 (1) ㄴ (2) ㅁ, ㅂ

9 (1) △ABD≡△CDB (ASA 합동)

　　(2) △ACO≡△BDO (SAS 합동)

　　(3) △ABO≡△DCO (ASA 합동)

4 (1) 4=1+3이므로 삼각형이 만들어지지 않는다.

(2) 5<2+4이므로 삼각형이 만들어진다.

(3) 9>3+5이므로 삼각형이 만들어지지 않는다.

(4) 7<4+6이므로 삼각형이 만들어진다.

5 (1) 세 변의 길이가 주어졌지만 14=6+8이므로 △ABC는 만들어지지 않는다.

(2) 두 변의 길이와 그 끼인각의 크기가 주어졌으므로 △ABC는 하나로 정해진다.

(3) ∠C는 $\overline{AB}$와 $\overline{CA}$의 끼인각이 아니므로 △ABC는 하나로 정해지지 않는다.

(4) ∠C=180°-(∠A+∠B)=180°-(40°+80°)=60°이다.

　　따라서 한 변의 길이와 그 양 끝 각의 크기가 주어진 경우와 같으므로 △ABC는 하나로 정해진다.

(5) 세 각의 크기가 각각 같은 삼각형은 무수히 많이 존재하므로 △ABC는 하나로 정해지지 않는다.

6 (1) ∠A는 $\overline{AB}$와 $\overline{AC}$의 끼인각이므로 △ABC는 하나로 정해진다.

(2) 한 변의 길이와 그 양 끝 각의 크기가 주어졌으므로 △ABC는 하나로 정해진다.

(3) ∠A는 $\overline{AC}$와 $\overline{BC}$의 끼인각이 아니므로 △ABC는 하나로 정해지지 않는다.

(4) 세 각의 크기가 각각 같은 삼각형은 무수히 많이 존재하므로 △ABC는 하나로 정해지지 않는다.

7 (1) $\overline{CD}$의 대응변은 $\overline{GH}$이므로 $\overline{CD}=\overline{GH}$=8 cm

(2) $\overline{FG}$의 대응변은 $\overline{BC}$이므로 $\overline{FG}=\overline{BC}$=7 cm

(3) ∠C의 대응각은 ∠G이므로 ∠C=∠G=65°

(4) ∠H의 대응각은 ∠D이므로

　　∠D=360°-(75°+90°+65°)=130°

8 (2) △ABC와 △DEF는 ∠A=∠D, $\overline{AB}=\overline{DE}$이므로 두 삼각형이 ASA 합동이 되려면 대응하는 한 변의 길이가 같고, 그 양 끝 각의 크기가 각각 같아야 하므로 필요한 조건은 ∠B=∠E 또는 ∠C=∠F 중 하나이다.

9 (1) △ABD와 △CDB에서

　　∠BAD=∠DCB, ∠ADB=∠CBD이므로 ∠ABD=∠CDB

　　$\overline{BD}$는 공통

　　∴ △ABD≡△CDB (ASA 합동)

(2) △ACO와 △BDO에서

　　$\overline{AO}=\overline{BO}$, $\overline{CO}=\overline{DO}$, ∠AOC=∠BOD(맞꼭지각)

　　∴ △ACO≡△BDO (SAS 합동)

(3) △ABO와 △DCO에서

　　$\overline{AB}=\overline{DC}$, ∠BAO=∠CDO,

　　∠AOB=∠DOC(맞꼭지각)이므로 ∠ABO=∠DCO

　　∴ △ABO≡△DCO (ASA 합동)

학교 시험 문제 × 확인하기   56~57쪽

1 ④　　2 ㄱ, ㄴ　　3 ③　　4 ⑤　　5 ①, ④

6 ①　　7 ②　　8 ①, ④　　9 ⑤　　10 88

11 2　　12 ①, ⑤　　13 ③

1 ④ 주어진 선분의 길이를 잴 때는 컴퍼스를 사용한다.

2 ㄷ. 점 C는 컴퍼스를 사용하여 작도한다.

ㄹ. 점 B를 중심으로 반지름의 길이가 $\overline{AB}$인 원을 그려서 $\overrightarrow{AB}$와 만나는 점을 C라 한다.

따라서 옳은 것은 ㄱ, ㄴ이다.

3 ① 두 점 A, B는 점 O를 중심으로 하는 한 원 위에 있으므로 $\overline{OA}=\overline{OB}$이다.

② 점 D는 점 P를 중심으로 하고 반지름의 길이가 $\overline{OB}$인 원 위에 있으므로 $\overline{OB}=\overline{PD}$이다.

④ 점 C는 점 D를 중심으로 하고 반지름의 길이가 $\overline{AB}$인 원 위에 있으므로 $\overline{AB}=\overline{CD}$이다.

⑤ ∠CPD는 ∠XOY와 크기가 같은 각이므로 ∠AOB=∠CPD이다.

따라서 옳지 않은 것은 ③이다.

4 ㉢ 점 P를 지나는 직선을 그어 직선 l과의 교점을 Q라 한다.

㉤ 점 Q를 중심으로 적당한 반지름을 가지는 원을 그려 $\overrightarrow{PQ}$, 직선 l과의 교점을 각각 A, B라 한다.

㉠ 점 P를 중심으로 반지름의 길이가 $\overline{QA}$인 원을 그려 $\overrightarrow{PQ}$와의 교점을 C라 한다.

㉷ 컴퍼스로 $\overline{AB}$의 길이를 잰다.

㉢ 점 C를 중심으로 반지름의 길이가 $\overline{AB}$인 원을 그려 ㉠에서 그린 원과의 교점을 D라 한다.

㉲ $\overrightarrow{PD}$를 긋는다. ➡ $\overrightarrow{PD}$ ∥ l

따라서 작도 순서는 ㉢ → ㉤ → ㉠ → ㉷ → ㉢ → ㉲이다.

5 가장 긴 변의 길이와 나머지 두 변의 길이의 합을 비교해 보면
① 6>2+3   ② 5<3+4   ③ 8<4+6
④ 10=5+5   ⑤ 9<5+6

따라서 삼각형의 세 변의 길이가 될 수 없는 것은 ①, ④이다.

6 ① 8=5+3이므로 삼각형이 만들어지지 않는다.
② 8<5+5이므로 삼각형이 만들어진다.
③ 8<5+7이므로 삼각형이 만들어진다.
④ 9<5+8이므로 삼각형이 만들어진다.
⑤ 11<5+8이므로 삼각형이 만들어진다.

따라서 x의 값이 될 수 없는 것은 ① 3이다.

7 삼각형의 한 변의 길이와 그 양 끝 각의 크기가 주어졌을 때, 다음의 두 가지 방법으로 삼각형을 작도할 수 있다.

(i) 선분을 먼저 작도한 후에 두 각을 작도한다. ➡ ④, ⑤

(ii) 한 각을 먼저 작도한 후에 선분을 작도하고 나서 다른 각을 작도한다. ➡ ①, ③

따라서 작도 순서로 옳지 않은 것은 ②이다.

8 ① 두 변의 길이와 그 끼인각의 크기가 주어졌으므로 △ABC는 하나로 정해진다.

② ∠B+∠C=180°이므로 삼각형이 만들어지지 않는다.

③ 세 각의 크기가 각각 같은 삼각형은 무수히 많이 존재하므로 △ABC는 하나로 정해지지 않는다.

④ ∠C=180°−(∠A+∠B)=180°−(55°+45°)=80°이다.
즉, 한 변의 길이와 그 양 끝 각의 크기가 주어진 경우와 같으므로 △ABC는 하나로 정해진다.

⑤ 15>8+6이므로 삼각형이 만들어지지 않는다.

따라서 △ABC가 하나로 정해지는 것은 ①, ④이다.

9 ⑤ 오른쪽 그림과 같은 두 부채꼴은 반지름의 길이가 같지만 합동이 아니다.

10 ∠A의 대응각은 ∠D이므로
∠A=∠D=75°   ∴ $x=75$
$\overline{EF}$의 대응변은 $\overline{BC}$이므로
$\overline{EF}=\overline{BC}=13$cm   ∴ $y=13$
∴ $x+y=75+13=88$

11 △ABC와 △IGH에서
$\overline{AB}=\overline{IG}$, ∠B=∠G
∠A=180°−(∠B+∠C)=180°−(40°+55°)=85°=∠I
∴ △ABC≡△IGH (ASA 합동)
△ABC와 △JLK에서
$\overline{AB}=\overline{JL}$, $\overline{BC}=\overline{LK}$, ∠B=∠L
∴ △ABC≡△JLK (SAS 합동)
따라서 △ABC와 합동인 삼각형은 △IGH, △JLK의 2개이다.

12 ①, ⑤ ∠B=∠E, ∠C=∠F이면 ∠A=∠D이므로 두 삼각형에서 한 쌍의 대응변의 길이가 같으면 ASA 합동이 된다.

②, ④ $\overline{AC}$와 $\overline{EF}$, $\overline{BC}$와 $\overline{DE}$는 대응변이 아니다.

③ 대응하는 세 각의 크기가 각각 같으면 모양은 같으나 크기가 다를 수 있다.

따라서 필요한 나머지 한 조건이 될 수 있는 것은 ①, ⑤이다.

13 △AOD와 △COB에서 ∠O는 공통, $\overline{OA}=\overline{OC}$
$\overline{OD}=\overline{OC}+\overline{CD}=\overline{OA}+\overline{AB}=\overline{OB}$
∴ △AOD≡△COB (SAS 합동)
∴ ∠D=∠B=45°

4 다각형

60~75쪽

001 답 ○

002 답 ×

003 답 ×

004 답 ○

005 답 내각, 외각

006 답 180°

007 답 180°

008 답

009 답

010 답

011 답 50°, 130°

012 답 95°

(∠A의 외각의 크기)$=180°-85°=95°$

013 답 140°

014 답 75°

(∠D의 내각의 크기)$=180°-105°=75°$

015 답 130°

(∠E의 내각의 크기)$=180°-50°=130°$

016 답 40°

(∠A의 외각의 크기)$=180°-140°=40°$

017 답 80°

(∠B의 외각의 크기)$=180°-100°=80°$

018 답 정오각형

변의 개수가 5인 정다각형이므로 정오각형이다.

019 답 정사각형

변의 개수가 4인 정다각형이므로 정사각형이다.

020 답 정칠각형

변의 개수가 7인 정다각형이므로 정칠각형이다.

021 답 ○

022 답 ○

023 답 ×

오른쪽 그림의 마름모와 같이 변의 길이가 모두 같아 도 내각의 크기가 다르면 정다각형이 아니다.

024 답 ○

025 답 ×

네 변의 길이가 모두 같은 사각형은 마름모이다.

026 답 ×

네 내각의 크기가 모두 같은 사각형은 직사각형이다.

027 답 풀이 참조

다각형	꼭짓점의 개수	한 꼭짓점에서 그을 수 있는 대각선의 개수	대각선의 개수
A 오각형	5	$5-3=2$	$\dfrac{5\times2}{2}=5$
A 육각형	6	$6-3=3$	$\dfrac{6\times3}{2}=9$
A 칠각형	7	$7-3=4$	$\dfrac{7\times4}{2}=14$

028 답 3, 5, 5, 20

029 답 6, 27

구각형의 한 꼭짓점에서 그을 수 있는 대각선의 개수는

$9-3=6$

구각형의 대각선의 총개수는 $\dfrac{9 \times 6}{2}=27$

030 답 7, 35

십각형의 한 꼭짓점에서 그을 수 있는 대각선의 개수는

$10-3=7$

십각형의 대각선의 총개수는 $\dfrac{10 \times 7}{2}=35$

031 답 9, 54

십이각형의 한 꼭짓점에서 그을 수 있는 대각선의 개수는

$12-3=9$

십이각형의 대각선의 총개수는 $\dfrac{12 \times 9}{2}=54$

032 답 17, 170

이십각형의 한 꼭짓점에서 그을 수 있는 대각선의 개수는

$20-3=17$

이십각형의 대각선의 총개수는 $\dfrac{20 \times 17}{2}=170$

033 답 90

변의 개수가 15인 다각형은 십오각형이므로 한 꼭짓점에서 그을 수 있는 대각선의 개수는

$15-3=12$

따라서 십오각형의 대각선의 개수는 $\dfrac{15 \times 12}{2}=90$

034 답 3, 3, 6, 육각형

035 답 칠각형

구하는 다각형을 n각형이라 하면

$\dfrac{n(n-3)}{2}=14$

$n(n-3)=28=7 \times 4 \qquad \therefore n=7$

따라서 구하는 다각형은 칠각형이다.

036 답 십각형

구하는 다각형을 n각형이라 하면

$\dfrac{n(n-3)}{2}=35$

$n(n-3)=70=10 \times 7 \qquad \therefore n=10$

따라서 구하는 다각형은 십각형이다.

037 답 십일각형

구하는 다각형을 n각형이라 하면

$\dfrac{n(n-3)}{2}=44$

$n(n-3)=88=11 \times 8 \qquad \therefore n=11$

따라서 구하는 다각형은 십일각형이다.

038 답 십사각형

구하는 다각형을 n각형이라 하면

$\dfrac{n(n-3)}{2}=77$

$n(n-3)=154=14 \times 11 \qquad \therefore n=14$

따라서 구하는 다각형은 십사각형이다.

039 답 십육각형

구하는 다각형을 n각형이라 하면

$\dfrac{n(n-3)}{2}=104$

$n(n-3)=208=16 \times 13 \qquad \therefore n=16$

따라서 구하는 다각형은 십육각형이다.

040 답 $65°$

삼각형의 세 내각의 크기의 합은 $180°$이므로

$80°+35°+\angle x=180°$

$\therefore \angle x=180°-(80°+35°)=65°$

041 답 $45°$

삼각형의 세 내각의 크기의 합은 $180°$이므로

$30°+105°+\angle x=180°$

$\therefore \angle x=180°-(30°+105°)=45°$

042 답 $62°$

삼각형의 세 내각의 크기의 합은 $180°$이므로

$\angle x+90°+28°=180°$

$\therefore \angle x=180°-(90°+28°)=62°$

043 답 $35°$

삼각형의 세 내각의 크기의 합은 $180°$이므로

$\angle x+40°+(2\angle x+35°)=180°$

$3\angle x=105° \qquad \therefore \angle x=35°$

044 답 $55°$

$\angle CAB=180°-100°=80°$, $\angle ACB=45°$(맞꼭지각)이고

삼각형의 세 내각의 크기의 합은 $180°$이므로

$80°+\angle x+45°=180°$

$\therefore \angle x=180°-(80°+45°)=55°$

045 답 **84°**

∠ACB=180°−128°=52°, ∠BAC=∠x(맞꼭지각)이고
삼각형의 세 내각의 크기의 합은 180°이므로
∠x+44°+52°=180°
∴ ∠x=180°−(44°+52°)=84°

046 답 **30°**

삼각형의 세 내각의 크기의 합은 180°이므로
△ADC에서 ∠CAD=180°−(90°+30°)=60°
∴ ∠x=90°−60°=30°

047 답 **24°**

삼각형의 세 내각의 크기의 합은 180°이므로
△ADC에서 ∠ACD=180°−(90°+24°)=66°
따라서 △ABC에서 ∠x=180°−(90°+66°)=24°

048 답 **45°**

삼각형의 세 내각의 크기의 합은 180°이므로
△ABC에서 ∠BAC=180°−(35°+60°)=85°
∴ ∠x=85°−40°=45°

049 답 **22°**

삼각형의 세 내각의 크기의 합은 180°이므로
△ABC에서 ∠BAC=180°−(40°+65°)=75°
∴ ∠x=75°−53°=22°

050 답 **42°**

∠ADC=180°−85°=95°이고
삼각형의 세 내각의 크기의 합은 180°이므로
△ADC에서 ∠x+95°+(∠x+1°)=180°
2∠x=84° ∴ ∠x=42°

051 답 **25°**

∠ADB=180°−75°=105°이고
삼각형의 세 내각의 크기의 합은 180°이므로
△ABD에서 2∠x+∠x+105°=180°
3∠x=75° ∴ ∠x=25°

052 답 **❶ 180°, 55° ❷ 55°, 125°**

053 답 **150°**

∠DBC=∠a, ∠DCB=∠b라 하면
△ABC에서
80°+(40°+∠a)+(30°+∠b)=180°
∴ ∠a+∠b=30°
따라서 △DBC에서 ∠x+∠a+∠b=180°이므로
∠x+30°=180° ∴ ∠x=150°

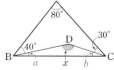

054 답 **40°**

∠DBC=∠a, ∠DCB=∠b라 하면
△DBC에서
120°+∠a+∠b=180° ∴ ∠a+∠b=60°
따라서 △ABC에서
∠x+(60°+∠a)+(20°+∠b)=180°이므로
∠x+∠a+∠b=100°, ∠x+60°=100°
∴ ∠x=40°

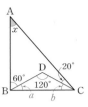

055 답 **130°**

삼각형에서 한 외각의 크기는 그와 이웃하지 않는 두 내각의 크기의
합과 같으므로
∠x=60°+70°=130°

056 답 **95°**

삼각형에서 한 외각의 크기는 그와 이웃하지 않는 두 내각의 크기의
합과 같으므로
∠x=55°+40°=95°

057 답 **45°**

삼각형에서 한 외각의 크기는 그와 이웃하지 않는 두 내각의 크기의
합과 같으므로
110°=65°+∠x ∴ ∠x=45°

058 답 **43°**

삼각형에서 한 외각의 크기는 그와 이웃하지 않는 두 내각의 크기의
합과 같으므로
78°=35°+∠x ∴ ∠x=43°

059 답

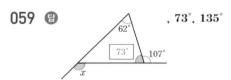

, **73°, 135°**

060 답 **115°**

삼각형에서 한 외각의 크기는 그와 이웃하
지 않는 두 내각의 크기의 합과 같으므로
오른쪽 그림에서
∠x=50°+65°=115°

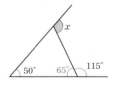

061 답 **25°**

삼각형에서 한 외각의 크기는 그와 이
웃하지 않는 두 내각의 크기의 합과 같
으므로 오른쪽 그림에서
125°=100°+∠x ∴ ∠x=25°

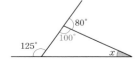

062 답 45°, 55°

063 답 $\angle x=50°$, $\angle y=35°$
△ABO에서 $50°+\angle x=100°$ ∴ $\angle x=50°$
△DOC에서 $65°+\angle y=100°$ ∴ $\angle y=35°$

064 답 $\angle x=50°$, $\angle y=75°$
△OBC에서 $\angle y=45°+30°=75°$
△AOD에서 $\angle x+25°=\angle y$
$\angle x+25°=75°$ ∴ $\angle x=50°$

065 답 ③
△ABO에서 $\angle AOD=73°+37°=110°$
△DOC에서 $\angle x+48°=110°$ ∴ $\angle x=62°$

066 답 180°, 80°, 40°, 40°, 85°
다른 풀이 △ABC에서 $\angle BAC=180°-(45°+55°)=80°$
∴ $\angle DAC=\dfrac{1}{2}\angle BAC=40°$
따라서 △ADC에서 $\angle x=180°-(40°+55°)=85°$

067 답 104°
△ABC에서
$\angle BAC=180°-(65°+37°)=78°$
∴ $\angle BAD=\dfrac{1}{2}\angle BAC=39°$
따라서 △ABD에서
$\angle x=39°+65°=104°$
다른 풀이 △ABC에서
$\angle BAC=180°-(65°+37°)=78°$
∴ $\angle DAC=\dfrac{1}{2}\angle BAC=39°$
따라서 △ADC에서
$\angle x=180°-(39°+37°)=104°$

068 답 80°
△ADC에서
$\angle DAC=180°-(110°+40°)=30°$
∴ $\angle BAD=\angle DAC=30°$
따라서 △ABD에서
$\angle x+30°=110°$ ∴ $\angle x=80°$
다른 풀이 △ADC에서
$\angle DAC=180°-(110°+40°)=30°$
∴ $\angle BAC=2\angle DAC=60°$
따라서 △ABC에서
$\angle x=180°-(60°+40°)=80°$

069 답 92°
△ABC에서 $50°+\angle BAC=134°$이므로
$\angle BAC=84°$
∴ $\angle BAD=\dfrac{1}{2}\angle BAC=42°$
따라서 △ABD에서 $\angle x=50°+42°=92°$
다른 풀이 △ABC에서 $50°+\angle BAC=134°$이므로
$\angle BAC=84°$
∴ $\angle DAC=\dfrac{1}{2}\angle BAC=42°$
따라서 △ADC에서 $42°+\angle x=134°$ ∴ $\angle x=92°$

070 답 ❶ 35°, 35°, 70° ❷ 70° ❸ 70°, 105°

071 답 90°
△DAB는 이등변삼각형이므로
$\angle BAD=\angle ABD=30°$
∴ $\angle ADC=\angle ABD+\angle BAD=30°+30°=60°$
△ADC는 이등변삼각형이므로
$\angle ACD=\angle ADC=60°$
따라서 △ABC에서
$\angle x=\angle ABC+\angle ACB=30°+60°=90°$

072 답 75°
△ABC는 이등변삼각형이므로
$\angle ACB=\angle ABC=25°$
∴ $\angle DAC=\angle ABC+\angle ACB=25°+25°=50°$
△CDA는 이등변삼각형이므로
$\angle ADC=\angle DAC=50°$
따라서 △DBC에서
$\angle x=\angle DBC+\angle BDC=25°+50°=75°$

073 답 114°
△DBC는 이등변삼각형이므로
$\angle DCB=\angle DBC=38°$
∴ $\angle ADB=\angle DBC+\angle DCB=38°+38°=76°$
△BDA는 이등변삼각형이므로
$\angle DAB=\angle ADB=76°$
따라서 △ABC에서
$\angle x=\angle BAC+\angle BCA=76°+38°=114°$

074 답

, 180°

4. 다각형 **19**

075 답 **42°**

오른쪽 그림과 같이 A, B, C, D, E, F, G를 정하면 △ACG에서

∠FGD＝35°＋37°＝72°

△BFE에서

∠GFD＝33°＋33°＝66°

따라서 △DGF에서

∠x＋72°＋66°＝180°

∴ ∠x＝42°

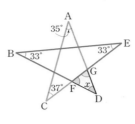

076 답 **40°**

오른쪽 그림과 같이 A, B, C, D, E, F, G를 정하면 △CEF에서

∠AFG＝35°＋32°＝67°

△BDG에서

∠AGF＝23°＋50°＝73°

따라서 △AFG에서

∠x＋67°＋73°＝180°

∴ ∠x＝40°

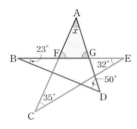

077 답 **54°**

오른쪽 그림과 같이 A, B, C, D, E, F, G를 정하면 △ACG에서

∠DGF＝∠x＋37°

△BFE에서

∠DFG＝∠y＋49°

따라서 △DGF에서

(∠x＋37°)＋(∠y＋49°)＋40°＝180°

∴ ∠x＋∠y＝54°

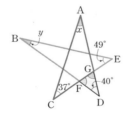

078 답 풀이 참조

다각형	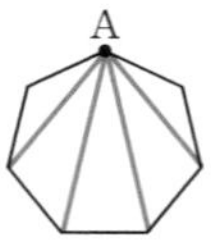 칠각형	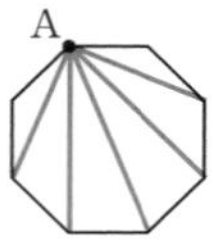 팔각형	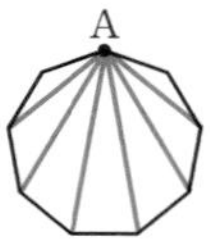 구각형
한 꼭짓점에서 대각선을 모두 그어 만들 수 있는 삼각형의 개수	7－[2]＝[5]	8－2＝6	9－2＝7
내각의 크기의 합	180°×[5]＝[900°]	180°×6＝1080°	180°×7＝1260°

079 답 **1440°**

180°×(10－2)＝1440°

080 답 **1800°**

180°×(12－2)＝1800°

081 답 **2340°**

180°×(15－2)＝2340°

082 답 **구각형**

구하는 다각형을 n각형이라 하면

180°×(n－2)＝1260° ∴ n＝9

따라서 구하는 다각형은 구각형이다.

083 답 **십일각형**

구하는 다각형을 n각형이라 하면

180°×(n－2)＝1620° ∴ n＝11

따라서 구하는 다각형은 십일각형이다.

084 답 **십사각형**

구하는 다각형을 n각형이라 하면

180°×(n－2)＝2160° ∴ n＝14

따라서 구하는 다각형은 십사각형이다.

085 답 **720°**

주어진 다각형을 n각형이라 하면

n－3＝3 ∴ n＝6

따라서 주어진 다각형은 육각형이므로 내각의 크기의 합은

180°×(6－2)＝720°

086 답 **1620°**

주어진 다각형을 n각형이라 하면

n－3＝8 ∴ n＝11

따라서 주어진 다각형은 십일각형이므로 내각의 크기의 합은

180°×(11－2)＝1620°

087 답 **1980°**

주어진 다각형을 n각형이라 하면

n－3＝10 ∴ n＝13

따라서 주어진 다각형은 십삼각형이므로 내각의 크기의 합은

180°×(13－2)＝1980°

088 답 **2880°**

주어진 다각형을 n각형이라 하면

n－3＝15 ∴ n＝18

따라서 주어진 다각형은 십팔각형이므로 내각의 크기의 합은

180°×(18－2)＝2880°

089 답 **3420°**

주어진 다각형을 n각형이라 하면

$n-3=18$ ∴ $n=21$

따라서 주어진 다각형은 이십일각형이므로 내각의 크기의 합은

$180° \times (21-2) = 3420°$

090 답 **360°, 360°, 95°**

091 답 **70°**

사각형의 내각의 크기의 합은

$180° \times (4-2) = 360°$이므로

$\angle x + 110° + 100° + 80° = 360°$

∴ $\angle x = 70°$

092 답 **105°**

오각형의 내각의 크기의 합은

$180° \times (5-2) = 540°$이므로

$\angle x + 95° + 120° + 85° + 135° = 540°$

∴ $\angle x = 105°$

093 답 **45°**

오각형의 내각의 크기의 합은

$180° \times (5-2) = 540°$이므로

$150° + \angle x + 80° + 125° + (180° - 40°) = 540°$

∴ $\angle x = 45°$

094 답 **360°**

095 답 **360°**

096 답 **360°**

097 답 **360°**

098 답 **360°, 360°, 90°**

099 답 **110°**

다각형의 외각의 크기의 합은 360°이므로

$95° + 55° + \angle x + 100° = 360°$

∴ $\angle x = 110°$

100 답 **70°**

다각형의 외각의 크기의 합은 360°이므로

$100° + 80° + \angle x + 110° = 360°$

∴ $\angle x = 70°$

101 답 **60°**

다각형의 외각의 크기의 합은 360°이므로

$95° + 80° + \angle x + 70° + 55° = 360°$

∴ $\angle x = 60°$

102 답 **50°**

다각형의 외각의 크기의 합은 360°이므로

$70° + 75° + 45° + \angle x + 120° = 360°$

∴ $\angle x = 50°$

103 답 **40°**

다각형의 외각의 크기의 합은 360°이므로

$90° + \angle x + 100° + 45° + 85° = 360°$

∴ $\angle x = 40°$

104 답 **50°**

다각형의 외각의 크기의 합은 360°이므로

$60° + 55° + 70° + 60° + 65° + \angle x = 360°$

∴ $\angle x = 50°$

105 답

, **56°, 100°**

106 답 **75°**

$60° + 50° + (180° - 135°) + 70° + \angle x + (180° - 120°) = 360°$

∴ $\angle x = 75°$

107 답 **85°**

$50° + (180° - 90°) + 70° + 55° + (180° - \angle x) = 360°$

∴ $\angle x = 85°$

108 답 **45°**

$\angle x + (180° - 90°) + 40° + 80° + (180° - 120°) + \angle x = 360°$

$2\angle x = 90°$ ∴ $\angle x = 45°$

109 답 **풀이 참조**

$\dfrac{180° \times (\boxed{5} - 2)}{\boxed{5}} = \boxed{108°}$

110 답 **140°**

$\dfrac{180° \times (9-2)}{9} = 140°$

111 답 $144°$

$$\frac{180° \times (10-2)}{10} = 144°$$

112 답 $156°$

$$\frac{180° \times (15-2)}{15} = 156°$$

113 답 $162°$

$$\frac{180° \times (20-2)}{20} = 162°$$

114 답 $360°$, 6, 정육각형

115 답 정팔각형

구하는 정다각형을 정n각형이라 하면

$\dfrac{180° \times (n-2)}{n} = 135°$에서

$180° \times n - 360° = 135° \times n$

$45° \times n = 360°$ $\quad \therefore n = 8$

따라서 구하는 정다각형은 정팔각형이다.

116 답 정십이각형

구하는 정다각형을 정n각형이라 하면

$\dfrac{180° \times (n-2)}{n} = 150°$에서

$180° \times n - 360° = 150° \times n$

$30° \times n = 360°$ $\quad \therefore n = 12$

따라서 구하는 정다각형은 정십이각형이다.

117 답 정이십사각형

구하는 정다각형을 정n각형이라 하면

$\dfrac{180° \times (n-2)}{n} = 165°$에서

$180° \times n - 360° = 165° \times n$

$15° \times n = 360°$ $\quad \therefore n = 24$

따라서 구하는 정다각형은 정이십사각형이다.

118 답 $2880°$

주어진 정다각형을 정n각형이라 하면

$\dfrac{180° \times (n-2)}{n} = 160°$에서

$180° \times n - 360° = 160° \times n$

$20° \times n = 360°$ $\quad \therefore n = 18$

따라서 주어진 정다각형은 정십팔각형이므로 내각의 크기의 합은

$180° \times (18-2) = 2880°$

119 답 $360°$, $36°$

120 답 $24°$

$$\frac{360°}{15} = 24°$$

121 답 $18°$

$$\frac{360°}{20} = 18°$$

122 답 정구각형

구하는 정다각형을 정n각형이라 하면

$\dfrac{360°}{n} = 40°$ $\quad \therefore n = 9$

따라서 구하는 정다각형은 정구각형이다.

123 답 정십이각형

구하는 정다각형을 정n각형이라 하면

$\dfrac{360°}{n} = 30°$ $\quad \therefore n = 12$

따라서 구하는 정다각형은 정십이각형이다.

124 답 정십팔각형

구하는 정다각형을 정n각형이라 하면

$\dfrac{360°}{n} = 20°$ $\quad \therefore n = 18$

따라서 구하는 정다각형은 정십팔각형이다.

125 답 2, $72°$, $72°$, 5, 정오각형

126 답 정십각형

한 내각의 크기와 한 외각의 크기의 합은 $180°$이므로

$(\text{한 외각의 크기}) = 180° \times \dfrac{1}{4+1} = 36°$

구하는 정다각형을 정n각형이라 하면

$\dfrac{360°}{n} = 36°$ $\quad \therefore n = 10$

따라서 구하는 정다각형은 정십각형이다.

127 답 정십이각형

한 내각의 크기와 한 외각의 크기의 합은 $180°$이므로

$(\text{한 외각의 크기}) = 180° \times \dfrac{1}{5+1} = 30°$

구하는 정다각형을 정n각형이라 하면

$\dfrac{360°}{n} = 30°$ $\quad \therefore n = 12$

따라서 구하는 정다각형은 정십이각형이다.

128 답 정구각형

한 내각의 크기와 한 외각의 크기의 합은 $180°$이므로

$(\text{한 외각의 크기}) = 180° \times \dfrac{2}{7+2} = 40°$

구하는 정다각형을 정n각형이라 하면

$\dfrac{360°}{n} = 40°$ $\quad \therefore n = 9$

따라서 구하는 정다각형은 정구각형이다.

129 답 **15**

한 내각의 크기와 한 외각의 크기의 합은 $180°$이므로

(한 외각의 크기)$=180°×\dfrac{2}{13+2}=24°$

주어진 정다각형을 정n각형이라 하면

$\dfrac{360°}{n}=24°$ $\quad\therefore n=15$

따라서 주어진 정다각형은 정십오각형이므로 꼭짓점의 개수는 15이다.

(**기본 문제** × **확인하기**) 76~77쪽

1 (1) $135°$ (2) $85°$ (3) $120°$ (4) $95°$

2 (1) 10, 65 (2) 12, 90 (3) 16, 152

3 (1) 오각형 (2) 팔각형 (3) 십이각형

4 (1) $35°$ (2) $28°$ **5** (1) $35°$ (2) $125°$

6 (1) $85°$ (2) $87°$ **7** (1) $111°$ (2) $81°$

8 (1) 오각형 (2) 팔각형 (3) 십육각형

9 (1) $120°$ (2) $120°$

10 (1) $360°$ (2) $360°$ (3) $360°$

11 (1) $117°$ (2) $60°$ (3) $61°$ (4) $75°$

12 (1) $150°$, $30°$ (2) $165°$, $15°$ (3) $168°$, $12°$

13 (1) 정구각형 (2) 정이십사각형

---

1 (1) (∠A의 내각의 크기)$=180°-45°=135°$

(2) (∠C의 외각의 크기)$=180°-95°=85°$

(3) (∠D의 내각의 크기)$=180°-60°=120°$

(4) (∠E의 외각의 크기)$=180°-85°=95°$

2 (1) 십삼각형의 한 꼭짓점에서 그을 수 있는 대각선의 개수는

$13-3=10$

십삼각형의 대각선의 총개수는 $\dfrac{13×10}{2}=65$

(2) 십오각형의 한 꼭짓점에서 그을 수 있는 대각선의 개수는

$15-3=12$

십오각형의 대각선의 총개수는 $\dfrac{15×12}{2}=90$

(3) 십구각형의 한 꼭짓점에서 그을 수 있는 대각선의 개수는

$19-3=16$

십구각형의 대각선의 총개수는 $\dfrac{19×16}{2}=152$

---

3 (1) 구하는 다각형을 n각형이라 하면

$\dfrac{n(n-3)}{2}=5$

$n(n-3)=10=5×2$ $\quad\therefore n=5$

따라서 구하는 다각형은 오각형이다.

(2) 구하는 다각형을 n각형이라 하면

$\dfrac{n(n-3)}{2}=20$

$n(n-3)=40=8×5$ $\quad\therefore n=8$

따라서 구하는 다각형은 팔각형이다.

(3) 구하는 다각형을 n각형이라 하면

$\dfrac{n(n-3)}{2}=54$

$n(n-3)=108=12×9$ $\quad\therefore n=12$

따라서 구하는 다각형은 십이각형이다.

4 (1) 삼각형의 세 내각의 크기의 합은 $180°$이므로

$\angle x+40°+(2\angle x+35°)=180°$

$3\angle x=105°$ $\quad\therefore \angle x=35°$

(2) 삼각형의 세 내각의 크기의 합은 $180°$이므로

△ADC에서 $\angle ACD=180°-(90°+28°)=62°$

따라서 △ABC에서 $\angle x=180°-(90°+62°)=28°$

5 (1) $70°+\angle x=105°$ $\quad\therefore \angle x=35°$

(2) 오른쪽 그림에서

$\angle x=95°+30°=125°$

6 (1) △ABC에서

$\angle ACB=180°-(55°+65°)=60°$

$\therefore \angle ACD=\dfrac{1}{2}\angle ACB=30°$

따라서 △ADC에서

$\angle x=55°+30°=85°$

[다른 풀이] △ABC에서

$\angle ACB=180°-(55°+65°)=60°$

$\therefore \angle DCB=\dfrac{1}{2}\angle ACB=30°$

따라서 △DBC에서

$\angle x=180°-(65°+30°)=85°$

(2) △ADC에서

$\angle DAC=180°-(117°+33°)=30°$

$\therefore \angle BAD=\angle DAC=30°$

따라서 △ABD에서

$\angle x+30°=117°$ $\quad\therefore \angle x=87°$

[다른 풀이] △ADC에서

$\angle DAC=180°-(117°+33°)=30°$

$\therefore \angle BAC=2\angle DAC=60°$

따라서 △ABC에서

$\angle x=180°-(60°+33°)=87°$

7 (1) △DBC는 이등변삼각형이므로

∠DBC＝∠DCB＝37°

∴ ∠BDA＝∠DBC＋∠DCB＝37°＋37°＝74°

△BDA는 이등변삼각형이므로

∠BAD＝∠BDA＝74°

따라서 △ABC에서

∠x＝∠BAC＋∠ACB＝74°＋37°＝111°

(2) △DBC는 이등변삼각형이므로

∠DBC＝∠DCB＝27°

∴ ∠CDA＝∠DBC＋∠DCB＝27°＋27°＝54°

△CAD는 이등변삼각형이므로

∠CAD＝∠CDA＝54°

따라서 △ABC에서

∠x＝∠ABC＋∠BAC＝27°＋54°＝81°

8 (1) 구하는 다각형을 n각형이라 하면

$180° \times (n-2) = 540°$ ∴ $n=5$

따라서 구하는 다각형은 오각형이다.

(2) 구하는 다각형을 n각형이라 하면

$180° \times (n-2) = 1080°$ ∴ $n=8$

따라서 구하는 다각형은 팔각형이다.

(3) 구하는 다각형을 n각형이라 하면

$180° \times (n-2) = 2520°$ ∴ $n=16$

따라서 구하는 다각형은 십육각형이다.

9 (1) 오각형의 내각의 크기의 합은

$180° \times (5-2) = 540°$이므로

$105° + \angle x + 120° + 95° + 100° = 540°$

∴ ∠x＝120°

(2) 육각형의 내각의 크기의 합은

$180° \times (6-2) = 720°$이므로

$103° + 106° + \angle x + 95° + 154° + 142° = 720°$

∴ ∠x＝120°

11 (1) 다각형의 외각의 크기의 합은 360°이므로

∠x＋123°＋120°＝360°

∴ ∠x＝117°

(2) 다각형의 외각의 크기의 합은 360°이므로

$105° + 75° + \angle x + 120° = 360°$

∴ ∠x＝60°

(3) 다각형의 외각의 크기의 합은 360°이므로

$90° + \angle x + 75° + 52° + (180° - 98°) = 360°$

∴ ∠x＝61°

(4) 다각형의 외각의 크기의 합은 360°이므로

$(180° - 105°) + (180° - \angle x) + 35° + 95° + 50° = 360°$

∴ ∠x＝75°

12 (1) (한 내각의 크기)＝$\dfrac{180° \times (12-2)}{12}=150°$

(한 외각의 크기)＝$\dfrac{360°}{12}=30°$

(2) (한 내각의 크기)＝$\dfrac{180° \times (24-2)}{24}=165°$

(한 외각의 크기)＝$\dfrac{360°}{24}=15°$

(3) (한 내각의 크기)＝$\dfrac{180° \times (30-2)}{30}=168°$

(한 외각의 크기)＝$\dfrac{360°}{30}=12°$

13 (1) 구하는 정다각형을 정n각형이라 하면

$\dfrac{180° \times (n-2)}{n}=140°$에서

$180° \times n - 360° = 140° \times n$

$40° \times n = 360°$ ∴ $n=9$

따라서 구하는 정다각형은 정구각형이다.

(2) 구하는 정다각형을 정n각형이라 하면

$\dfrac{360°}{n}=15°$ ∴ $n=24$

따라서 구하는 정다각형은 정이십사각형이다.

학교 시험 문제 × 확인하기   78~79쪽

1 ④	2 ④	3 23	4 104	5 ④
6 ④	7 53°	8 111°	9 ④	10 126°
11 62°	12 ②	13 60	14 ②	15 ④

16 정십팔각형

1 ① 원은 선분이 아닌 곡선으로 둘러싸여 있으므로 다각형이 아니다.

②, ③, ⑤ 원기둥, 삼각뿔, 정육면체는 입체도형이므로 다각형이 아니다.

따라서 다각형인 것은 ④이다.

2 조건 ㈎에서 구하는 다각형은 십각형이고, 조건 ㈎, ㈏에서 구하는 다각형은 정다각형이다.

따라서 구하는 다각형은 정십각형이다.

3 십사각형의 한 꼭짓점에서 그을 수 있는 대각선의 개수는

$14 - 3 = 11$ ∴ $a=11$

이때 생기는 삼각형의 개수는

$14 - 2 = 12$ ∴ $b=12$

∴ $a + b = 11 + 12 = 23$

4 주어진 다각형을 n각형이라 하면

$n - 3 = 13$ ∴ $n=16$

따라서 주어진 다각형은 십육각형이므로 대각선의 개수는

$\dfrac{16 \times (16-3)}{2}=104$

24   정답과 해설

5 주어진 다각형을 n각형이라 하면

$$\frac{n(n-3)}{2}=65$$

$n(n-3)=130=13\times10 \qquad \therefore n=13$

따라서 주어진 다각형은 십삼각형이므로 변의 개수는 13이다.

6 삼각형의 세 내각의 크기의 합은 $180°$이므로

$\angle x+50°+(4\angle x-35°)=180°$

$5\angle x=165° \qquad \therefore \angle x=33°$

7 $\triangle$ADC에서

$\angle$DAC$+\angle$DCA$=180°-125°=55°$

$\triangle$ABC에서

$\angle x=180°-(44°+28°+\angle$DAC$+\angle$DCA$)$

$\quad=180°-(44°+28°+55°)=53°$

8 $\angle$ABC$=180°-127°=53°$

$\therefore \angle x=58°+53°=111°$

9 $\triangle$ABC에서 $\angle$BAC$+46°=130°$이므로

$\angle$BAC$=84°$

$\therefore \angle$BAD$=\dfrac{1}{2}\angle$BAC$=42°$

따라서 $\triangle$ABD에서

$\angle x=42°+46°=88°$

다른 풀이 $\triangle$ABC에서 $\angle$BAC$+46°=130°$이므로

$\angle$BAC$=84°$

$\therefore \angle$DAC$=\dfrac{1}{2}\angle$BAC$=42°$

따라서 $\triangle$ADC에서

$42°+\angle x=130° \qquad \therefore \angle x=88°$

10 $\triangle$ABC는 이등변삼각형이므로

$\angle$ACB$=\angle$ABC$=42°$

$\therefore \angle$CAD$=\angle$ABC$+\angle$ACB$=42°+42°=84°$

$\triangle$CDA는 이등변삼각형이므로

$\angle$CDA$=\angle$CAD$=84°$

따라서 $\triangle$DBC에서

$\angle$DCE$=\angle$DBC$+\angle$CDB$=42°+84°=126°$

11 오른쪽 그림과 같이 A, B, C, D, E, F, G를 정하면 $\triangle$FCE에서

$\angle$AFG$=22°+28°=50°$

$\triangle$GBD에서

$\angle$AGF$=38°+30°=68°$

따라서 $\triangle$AFG에서

$\angle x+50°+68°=180°$

$\therefore \angle x=62°$

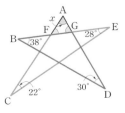

12 주어진 다각형을 n각형이라 하면

$n-3=7 \qquad \therefore n=10$

따라서 주어진 다각형은 십각형이므로 내각의 크기의 합은

$180°\times(10-2)=1440°$

13 육각형의 내각의 크기의 합은

$180°\times(6-2)=720°$이므로

$140+100+2x+120+(x+50)+130=720$

$3x=180 \qquad \therefore x=60$

14 $72°+(180°-157°)+105°+\angle a+\angle b+48°=360°$

$\therefore \angle a+\angle b=112°$

15 주어진 정다각형을 정n각형이라 하면

$180°\times(n-2)=1260° \qquad \therefore n=9$

따라서 주어진 정다각형은 정구각형이므로 한 외각의 크기는

$\dfrac{360°}{9}=40°$

16 한 내각의 크기와 한 외각의 크기의 합은 $180°$이므로

(한 외각의 크기)$=180°\times\dfrac{1}{8+1}=20°$

구하는 정다각형을 정n각형이라 하면

$\dfrac{360°}{n}=20° \qquad \therefore n=18$

따라서 구하는 정다각형은 정십팔각형이다.

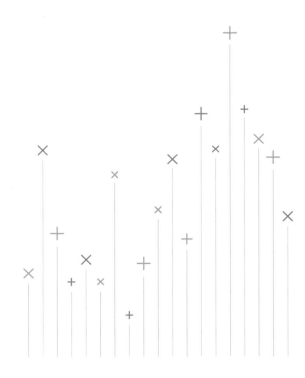

82~93쪽

001 답 $\widehat{AB}$

002 답 $\overline{AB}$

003 답 $\overline{AC}$

004 답 $\angle BOC$

005 답 ○

006 답 ×
부채꼴은 두 반지름과 호로 이루어진 도형이다.

007 답 ×
할선은 원 위의 두 점을 지나는 직선이다.

008 답 ○

009 답 13
한 원에서 중심각의 크기가 같은 두 부채꼴의 호의 길이는 같으므로
$x=13$

010 답 65
한 원에서 호의 길이가 같은 두 부채꼴의 중심각의 크기는 같으므로
$x=65$

011 답 2
부채꼴의 호의 길이는 중심각의 크기에 정비례하므로
$\angle BOD=2\angle COD \Rightarrow \widehat{BD}=2\widehat{CD}$

012 답 4
부채꼴의 호의 길이는 중심각의 크기에 정비례하므로
$\angle AOE=4\angle BOC \Rightarrow \widehat{AE}=4\widehat{BC}$

013 답 60°, 6

014 답 9
부채꼴의 호의 길이는 중심각의 크기에 정비례하므로
$x:3=135°:45°$, $x:3=3:1$ ∴ $x=9$

015 답 30
부채꼴의 호의 길이는 중심각의 크기에 정비례하므로
$20:4=150°:x°$, $5:1=150:x$ ∴ $x=30$

016 답 120
부채꼴의 호의 길이는 중심각의 크기에 정비례하므로
$5:10=60°:x°$, $1:2=60:x$ ∴ $x=120$

017 답 $x=3$, $y=120$
부채꼴의 호의 길이는 중심각의 크기에 정비례하므로
$2:x=30°:45°$, $2:x=2:3$ ∴ $x=3$
$2:8=30°:y°$, $1:4=30:y$ ∴ $y=120$

018 답 $x=36$, $y=15$
부채꼴의 호의 길이는 중심각의 크기에 정비례하므로
$6:10=x°:60°$, $3:5=x:60$ ∴ $x=36$
$10:y=60°:90°$, $10:y=2:3$ ∴ $y=15$

019 답 $x=135$, $y=5$
부채꼴의 호의 길이는 중심각의 크기에 정비례하므로
$27:9=x°:45°$, $3:1=x:45$ ∴ $x=135$
$y:9=25°:45°$, $y:9=5:9$ ∴ $y=5$

020 답 $x=90$, $y=20$
부채꼴의 호의 길이는 중심각의 크기에 정비례하므로
$10:30=30°:x°$, $1:3=30:x$ ∴ $x=90$
$y:10=60°:30°$, $y:10=2:1$ ∴ $y=20$

021 답 75°
$\widehat{AB}:\widehat{BC}=2:3$이고 부채꼴의 호의 길이는 중심각의 크기에 정비례하므로
$2:3=50°:\angle BOC$ ∴ $\angle BOC=75°$

022 답 **①** 40° **②** 40° **③** 40°, 40°, 100° **④** 40°, 100°, 20

023 답 12 cm
$\overline{AB}/\!/\overline{CD}$이므로 $\angle OCD=\angle AOC=30°$(엇각)
$\triangle OCD$가 $\overline{OC}=\overline{OD}$인 이등변삼각형이므로
$\angle ODC=\angle OCD=30°$
$\triangle OCD$에서 $\angle COD=180°-(30°+30°)=120°$
부채꼴의 호의 길이는 중심각의 크기에 정비례하므로
$3:\widehat{CD}=30°:120°$, $3:\widehat{CD}=1:4$
∴ $\widehat{CD}=12$(cm)

024 답 **5 cm**

$\triangle$ODC가 $\overline{OC}=\overline{OD}$인 이등변삼각형이므로

$\angle OCD=\dfrac{1}{2}\times(180°-108°)=36°$

$\overline{AB}\,/\!/\,\overline{CD}$이므로 $\angle COA=\angle OCD=36°$(엇각)

부채꼴의 호의 길이는 중심각의 크기에 정비례하므로

$\overparen{AC}:15=36°:108°$, $\overparen{AC}:15=1:3$

$\therefore \overparen{AC}=5(\text{cm})$

025 답 **8**

한 원에서 중심각의 크기가 같은 두 부채꼴의 넓이는 같으므로

$x=8$

026 답 **100**

한 원에서 넓이가 같은 두 부채꼴의 중심각의 크기는 같으므로

$x=100$

027 답 **165°, 19**

028 답 **6**

부채꼴의 넓이는 중심각의 크기에 정비례하므로

$x:24=40°:160°$, $x:24=1:4$ $\quad\therefore x=6$

029 답 **26**

부채꼴의 넓이는 중심각의 크기에 정비례하므로

$x:18=130°:90°$, $x:18=13:9$ $\quad\therefore x=26$

030 답 **30**

부채꼴의 넓이는 중심각의 크기에 정비례하므로

$3:18=x°:180°$, $1:6=x:180$ $\quad\therefore x=30$

031 답 **140**

부채꼴의 넓이는 중심각의 크기에 정비례하므로

$8:28=40°:x°$, $2:7=40:x$ $\quad\therefore x=140$

032 답 **5**

한 원에서 크기가 같은 중심각에 대한 현의 길이는 같으므로

$x=5$

033 답 **100**

한 원에서 길이가 같은 두 현의 중심각의 크기는 같으므로

$x=100$

034 답 **=**

한 원에서 크기가 같은 중심각에 대한 현의 길이는 같으므로

$\overline{AB}=\overline{BC}$

035 답 **=**

부채꼴의 호의 길이는 중심각의 크기에 정비례하므로

$\overparen{AB}:\overparen{AC}=1:2$ $\quad\therefore \overparen{AC}=2\overparen{AB}$

036 답 **<**

삼각형의 가장 긴 변의 길이는 나머지 두 변의 길이의 합보다 작으므로 $\triangle$ABC에서 $\overline{AC}<\overline{AB}+\overline{BC}$

이때 $\overline{AB}=\overline{BC}$이므로 $\overline{AC}<2\overline{AB}$

037 답 **○**

038 답 **×**

현의 길이는 중심각의 크기에 정비례하지 않는다.

039 답 **○**

040 답 **○**

041 답 **○**

042 답 **3, 6π**

043 답 **14π cm**

(원 O의 둘레의 길이)$=2\pi\times7=14\pi(\text{cm})$

044 답 **10π cm**

원 O의 반지름의 길이가 5 cm이므로

(원 O의 둘레의 길이)$=2\pi\times5=10\pi(\text{cm})$

045 답 **4, 16π**

046 답 **36π cm²**

(원 O의 넓이)$=\pi\times6^2=36\pi(\text{cm}^2)$

047 답 **49π cm²**

원 O의 반지름의 길이가 7 cm이므로

(원 O의 넓이)$=\pi\times7^2=49\pi(\text{cm}^2)$

048 답 (1) ❶ **10, 20π** ❷ **5, 10π / 30π** (2) **10, 5, 75π**

049 답 (1) **24π cm** (2) **18π cm²**

(1) ❶ $2\pi\times6=12\pi(\text{cm})$

❷ $(2\pi\times3)\times2=12\pi(\text{cm})$

➡ (색칠한 부분의 둘레의 길이)

$=12\pi+12\pi=24\pi(\text{cm})$

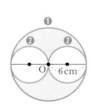

(2) (색칠한 부분의 넓이)

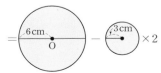

$=\pi\times6^2-(\pi\times3^2)\times2$

$=36\pi-18\pi$

$=18\pi(\text{cm}^2)$

050 답 (1) 18π cm (2) 20π cm^2

(1) ❶ 큰 반원의 반지름의 길이는

$\dfrac{1}{2} \times (5+5+4+4) = 9$(cm)이므로

$2\pi \times 9 \times \dfrac{1}{2} = 9\pi$(cm)

5cm 4cm

❷ $2\pi \times 5 \times \dfrac{1}{2} = 5\pi$(cm)

❸ $2\pi \times 4 \times \dfrac{1}{2} = 4\pi$(cm)

➡ (색칠한 부분의 둘레의 길이)$= 9\pi + 5\pi + 4\pi = 18\pi$(cm)

(2) (색칠한 부분의 넓이)

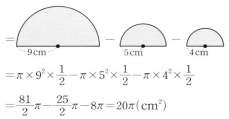
9cm — 5cm — 4cm

$= \pi \times 9^2 \times \dfrac{1}{2} - \pi \times 5^2 \times \dfrac{1}{2} - \pi \times 4^2 \times \dfrac{1}{2}$

$= \dfrac{81}{2}\pi - \dfrac{25}{2}\pi - 8\pi = 20\pi$(cm^2)

051 답 (1) ❶ 8, 8π ❷ 2, 2π ❸ 6, 6π / 16π

(2) 8, 6, 2, 16π

052 답 (1) 20π cm (2) 30π cm^2

(1) ❶ $2\pi \times 10 \times \dfrac{1}{2} = 10\pi$(cm)

❷ $2\pi \times 7 \times \dfrac{1}{2} = 7\pi$(cm)

6cm 14cm O

❸ $2\pi \times 3 \times \dfrac{1}{2} = 3\pi$(cm)

➡ (색칠한 부분의 둘레의 길이)

$= 10\pi + 7\pi + 3\pi = 20\pi$(cm)

(2) (색칠한 부분의 넓이)

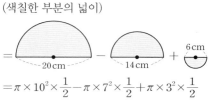
20cm — 14cm + 6cm

$= \pi \times 10^2 \times \dfrac{1}{2} - \pi \times 7^2 \times \dfrac{1}{2} + \pi \times 3^2 \times \dfrac{1}{2}$

$= 50\pi - \dfrac{49}{2}\pi + \dfrac{9}{2}\pi = 30\pi$(cm^2)

053 답 (1) 18π cm (2) 36π cm^2

(1) ❶ $2\pi \times 9 \times \dfrac{1}{2} = 9\pi$(cm)

❷ $2\pi \times 5 \times \dfrac{1}{2} = 5\pi$(cm)

❸ $2\pi \times 4 \times \dfrac{1}{2} = 4\pi$(cm)

➡ (색칠한 부분의 둘레의 길이)

$= 9\pi + 5\pi + 4\pi = 18\pi$(cm)

O 10cm 8cm

(2) (색칠한 부분의 넓이)

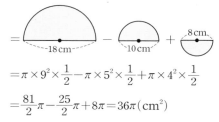
18cm — 10cm + 8cm

$= \pi \times 9^2 \times \dfrac{1}{2} - \pi \times 5^2 \times \dfrac{1}{2} + \pi \times 4^2 \times \dfrac{1}{2}$

$= \dfrac{81}{2}\pi - \dfrac{25}{2}\pi + 8\pi = 36\pi$(cm^2)

054 답 8, 45, 2π

055 답 4π cm

(부채꼴의 호의 길이)$= 2\pi \times 24 \times \dfrac{30}{360} = 4\pi$(cm)

056 답 4π cm

(부채꼴의 호의 길이)$= 2\pi \times 3 \times \dfrac{240}{360} = 4\pi$(cm)

057 답 6, 60, 6π

058 답 60π cm^2

(부채꼴의 넓이)$= \pi \times 12^2 \times \dfrac{150}{360} = 60\pi$(cm^2)

059 답 25π cm^2

(부채꼴의 넓이)$= \pi \times 10^2 \times \dfrac{90}{360} = 25\pi$(cm^2)

060 답 6, π, 30, 30°

061 답 90°

부채꼴의 중심각의 크기를 x°라 하면

$2\pi \times 14 \times \dfrac{x}{360} = 7\pi$ ∴ $x = 90$

따라서 부채꼴의 중심각의 크기는 90°이다.

062 답 216°

부채꼴의 중심각의 크기를 x°라 하면

$2\pi \times 15 \times \dfrac{x}{360} = 18\pi$ ∴ $x = 216$

따라서 부채꼴의 중심각의 크기는 216°이다.

063 답 40, 9, 9

064 답 12 cm

부채꼴의 반지름의 길이를 r cm라 하면

$2\pi \times r \times \dfrac{120}{360} = 8\pi$ ∴ $r = 12$

따라서 부채꼴의 반지름의 길이는 12 cm이다.

065 답 3 cm

부채꼴의 반지름의 길이를 r cm라 하면

$2\pi \times r \times \dfrac{60}{360} = \pi$ ∴ $r = 3$

따라서 부채꼴의 반지름의 길이는 3 cm이다.

066 답 3, π, 40, 40°

067 답 **150°**

부채꼴의 중심각의 크기를 $x°$라 하면

$\pi \times 12^2 \times \dfrac{x}{360} = 60\pi$ $\therefore x = 150$

따라서 부채꼴의 중심각의 크기는 150°이다.

068 답 **160°**

부채꼴의 중심각의 크기를 $x°$라 하면

$\pi \times 6^2 \times \dfrac{x}{360} = 16\pi$ $\therefore x = 160$

따라서 부채꼴의 중심각의 크기는 160°이다.

069 답 **60, 36, 6, 6**

070 답 **9 cm**

부채꼴의 반지름의 길이를 r cm라 하면

$\pi \times r^2 \times \dfrac{120}{360} = 27\pi$, $r^2 = 81$

이때 $r > 0$이므로 $r = 9$

따라서 부채꼴의 반지름의 길이는 9 cm이다.

071 답 **12 cm**

부채꼴의 반지름의 길이를 r cm라 하면

$\pi \times r^2 \times \dfrac{210}{360} = 84\pi$, $r^2 = 144$

이때 $r > 0$이므로 $r = 12$

따라서 부채꼴의 반지름의 길이는 12 cm이다.

072 답 **4π, 16π**

073 답 **7π cm²**

(부채꼴의 넓이) $= \dfrac{1}{2} \times 7 \times 2\pi = 7\pi$ (cm²)

074 답 **15π cm²**

(부채꼴의 넓이) $= \dfrac{1}{2} \times 5 \times 6\pi = 15\pi$ (cm²)

075 답 **30π cm²**

(부채꼴의 넓이) $= \dfrac{1}{2} \times 6 \times 10\pi = 30\pi$ (cm²)

076 답 (1) **6π cm²**   (2) **16π cm²**   (3) **25π cm²**

부채꼴의 넓이를 S cm²라 하면

(1) $S = \dfrac{1}{2} \times 6 \times 2\pi = 6\pi$

따라서 부채꼴의 넓이는 6π cm²이다.

(2) $S = \dfrac{1}{2} \times 8 \times 4\pi = 16\pi$

따라서 부채꼴의 넓이는 16π cm²이다.

(3) $S = \dfrac{1}{2} \times 10 \times 5\pi = 25\pi$

따라서 부채꼴의 넓이는 25π cm²이다.

077 답 (1) **8 cm**   (2) **12 cm**   (3) **14 cm**

부채꼴의 반지름의 길이를 r cm라 하면

(1) $\dfrac{1}{2} \times r \times 3\pi = 12\pi$ $\therefore r = 8$

따라서 부채꼴의 반지름의 길이는 8 cm이다.

(2) $\dfrac{1}{2} \times r \times 6\pi = 36\pi$ $\therefore r = 12$

따라서 부채꼴의 반지름의 길이는 12 cm이다.

(3) $\dfrac{1}{2} \times r \times 7\pi = 49\pi$ $\therefore r = 14$

따라서 부채꼴의 반지름의 길이는 14 cm이다.

078 답 (1) **4π cm**   (2) **4π cm**   (3) **6π cm**

부채꼴의 호의 길이를 l cm라 하면

(1) $\dfrac{1}{2} \times 4 \times l = 8\pi$ $\therefore l = 4\pi$

따라서 부채꼴의 호의 길이는 4π cm이다.

(2) $\dfrac{1}{2} \times 7 \times l = 14\pi$ $\therefore l = 4\pi$

따라서 부채꼴의 호의 길이는 4π cm이다.

(3) $\dfrac{1}{2} \times 10 \times l = 30\pi$ $\therefore l = 6\pi$

따라서 부채꼴의 호의 길이는 6π cm이다.

079 답 **120°**

부채꼴의 반지름의 길이를 r cm라 하면

$\dfrac{1}{2} \times r \times 4\pi = 12\pi$ $\therefore r = 6$

부채꼴의 중심각의 크기를 $x°$라 하면

$2\pi \times 6 \times \dfrac{x}{360} = 4\pi$ $\therefore x = 120$

따라서 부채꼴의 중심각의 크기는 120°이다.

080 답 (1) ❶ 6, 60, 2π   ❷ 3, 60, π   ❸ 3, 6 / 3π+6
(2) 6, 60, 3, 60, 6π, $\dfrac{3}{2}\pi$, $\dfrac{9}{2}\pi$

081 답 (1) **(14π+6) cm**   (2) **21π cm²**

(1) ❶ $2\pi \times 12 \times \dfrac{120}{360} = 8\pi$ (cm)

❷ $2\pi \times 9 \times \dfrac{120}{360} = 6\pi$ (cm)

❸ $(12-9) \times 2 = 6$ (cm)

➡ (색칠한 부분의 둘레의 길이) $= 14\pi + 6$ (cm)

(2) (색칠한 부분의 넓이)

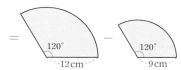

$= \pi \times 12^2 \times \dfrac{120}{360} - \pi \times 9^2 \times \dfrac{120}{360}$

$= 48\pi - 27\pi = 21\pi$ (cm²)

082 탑 (1) **①** 8, 90, 4π **②** 4, 4π **③** 8 / 8π+8

(2) 8, 90, 4, 8π

083 탑 (1) (10π+10) cm (2) $\dfrac{25}{2}\pi$ cm²

(1) **①** $2\pi \times 10 \times \dfrac{90}{360} = 5\pi$ (cm)

② $2\pi \times 5 \times \dfrac{1}{2} = 5\pi$ (cm)

③ 10 cm

➡ (색칠한 부분의 둘레의 길이)

$= 10\pi + 10$ (cm)

(2) (색칠한 부분의 넓이)

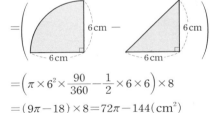

$= \pi \times 10^2 \times \dfrac{90}{360} - \pi \times 5^2 \times \dfrac{1}{2}$

$= 25\pi - \dfrac{25}{2}\pi = \dfrac{25}{2}\pi$ (cm²)

084 탑 (1) **①** 8, 90, 4π / 4π, 8π

(2) 8, 90, 8, 32π−64

085 탑 (1) 24π cm (2) (72π−144) cm²

(1) **①** $2\pi \times 6 \times \dfrac{90}{360} = 3\pi$ (cm)

➡ (색칠한 부분의 둘레의 길이)

$= 3\pi \times 8 = 24\pi$ (cm)

(2) (색칠한 부분의 넓이)

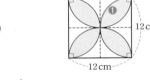

$= \left(\pi \times 6^2 \times \dfrac{90}{360} - \dfrac{1}{2} \times 6 \times 6 \right) \times 8$

$= (9\pi - 18) \times 8 = 72\pi - 144$ (cm²)

086 탑 (1) (3π+12) cm (2) $\left(18 - \dfrac{9}{2}\pi \right)$ cm²

(1) **①** $\left(2\pi \times 3 \times \dfrac{90}{360} \right) \times 2 = 3\pi$ (cm)

② $3 \times 4 = 12$ (cm)

➡ (색칠한 부분의 둘레의 길이)

$= 3\pi + 12$ (cm)

(2) (색칠한 부분의 넓이)

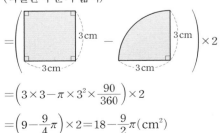

$= \left(3 \times 3 - \pi \times 3^2 \times \dfrac{90}{360} \right) \times 2$

$= \left(9 - \dfrac{9}{4}\pi \right) \times 2 = 18 - \dfrac{9}{2}\pi$ (cm²)

087 탑 (1) 6π cm (2) (36−9π) cm²

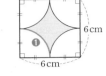

(1) **①** $2\pi \times 3 \times \dfrac{90}{360} = \dfrac{3}{2}\pi$ (cm)

➡ (색칠한 부분의 둘레의 길이)

$= \dfrac{3}{2}\pi \times 4 = 6\pi$ (cm)

(2) (색칠한 부분의 넓이)

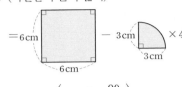

$= 6 \times 6 - \left(\pi \times 3^2 \times \dfrac{90}{360} \right) \times 4$

$= 36 - 9\pi$ (cm²)

기본 문제 × 확인하기 94~95쪽

1 (1) 7 (2) 120 　　 2 (1) $x=45$, $y=12$ (2) $x=6$, $y=80$

3 (1) 14 cm (2) 1 cm 　　 4 (1) 10 (2) 40

5 (1) 7 (2) 38

6 (1) (6π+12) cm, 18π cm² (2) 6π cm, 3π cm²

7 (1) π cm, 2π cm² (2) 4π cm, 12π cm²

8 (1) 90° (2) 160° 　　 9 (1) $\dfrac{25}{2}$ cm (2) 12 cm

10 (1) 24π cm² (2) 10π cm²

11 (1) (10π+10) cm (2) 3π cm

12 (1) (392−98π) cm² (2) (64−16π) cm²

---

1 (1) 부채꼴의 호의 길이는 중심각의 크기에 정비례하므로

$x : 14 = 35° : 70°$, $x : 14 = 1 : 2$ ∴ $x = 7$

(2) 부채꼴의 호의 길이는 중심각의 크기에 정비례하므로

$3 : 8 = 45° : x°$, $3 : 8 = 45 : x$ ∴ $x = 120$

2 (1) 부채꼴의 호의 길이는 중심각의 크기에 정비례하므로

$4 : 6 = 30° : x°$, $2 : 3 = 30 : x$ ∴ $x = 45$

$6 : y = 45° : 90°$, $6 : y = 1 : 2$ ∴ $y = 12$

(2) 부채꼴의 호의 길이는 중심각의 크기에 정비례하므로

$4 : x = 20° : 30°$, $4 : x = 2 : 3$ ∴ $x = 6$

$4 : 16 = 20° : y°$, $1 : 4 = 20 : y$ ∴ $y = 80$

3 (1) $\overline{AB} /\!/ \overline{CD}$이므로 $\angle OCD = \angle AOC = 45°$ (엇각)

△OCD가 $\overline{OC} = \overline{OD}$인 이등변삼각형이므로

$\angle ODC = \angle OCD = 45°$

△OCD에서 $\angle COD = 180° - (45° + 45°) = 90°$

부채꼴의 호의 길이는 중심각의 크기에 정비례하므로

$7 : \overparen{CD} = 45° : 90°$, $7 : \overparen{CD} = 1 : 2$

∴ $\overparen{CD} = 14$ (cm)

(2) $\overline{AB} /\!/ \overline{CD}$이므로 $\angle OCD = \angle COA = 18°$(엇각)

$\triangle ODC$가 $\overline{OC} = \overline{OD}$인 이등변삼각형이므로

$\angle ODC = \angle OCD = 18°$

$\triangle ODC$에서 $\angle COD = 180° - (18° + 18°) = 144°$

부채꼴의 호의 길이는 중심각의 크기에 정비례하므로

$\overset{\frown}{AC} : 8 = 18° : 144°$, $\overset{\frown}{AC} : 8 = 1 : 8$

$\therefore \overset{\frown}{AC} = 1\,(\text{cm})$

4 (1) 부채꼴의 넓이는 중심각의 크기에 정비례하므로

$x : 30 = 35° : 105°$, $x : 30 = 1 : 3$

$\therefore x = 10$

(2) 부채꼴의 넓이는 중심각의 크기에 정비례하므로

$15 : 45 = x° : 120°$, $1 : 3 = x : 120$

$\therefore x = 40$

5 (1) 한 원에서 크기가 같은 중심각에 대한 현의 길이는 같으므로

$x = 7$

(2) 한 원에서 길이가 같은 두 현의 중심각의 크기가 같으므로

$x = 38$

6 (1) (반원의 둘레의 길이) $= 2\pi \times 6 \times \dfrac{1}{2} + 12$

$= 6\pi + 12\,(\text{cm})$

(반원의 넓이) $= \pi \times 6^2 \times \dfrac{1}{2}$

$= 18\pi\,(\text{cm}^2)$

(2) ❶ $2\pi \times 2 = 4\pi\,(\text{cm})$

❷ $2\pi \times 1 = 2\pi\,(\text{cm})$

➡ (색칠한 부분의 둘레의 길이)

$= 4\pi + 2\pi$

$= 6\pi\,(\text{cm})$

(색칠한 부분의 넓이)

$= \pi \times 2^2 - \pi \times 1^2$

$= 4\pi - \pi$

$= 3\pi\,(\text{cm}^2)$

7 (1) (부채꼴의 호의 길이) $= 2\pi \times 4 \times \dfrac{45}{360} = \pi\,(\text{cm})$

(부채꼴의 넓이) $= \pi \times 4^2 \times \dfrac{45}{360} = 2\pi\,(\text{cm}^2)$

(2) (부채꼴의 호의 길이) $= 2\pi \times 6 \times \dfrac{120}{360} = 4\pi\,(\text{cm})$

(부채꼴의 넓이) $= \pi \times 6^2 \times \dfrac{120}{360} = 12\pi\,(\text{cm}^2)$

8 (1) 부채꼴의 중심각의 크기를 $x°$라 하면

$2\pi \times 4 \times \dfrac{x}{360} = 2\pi$ $\therefore x = 90$

따라서 부채꼴의 중심각의 크기는 $90°$이다.

(2) 부채꼴의 중심각의 크기를 $x°$라 하면

$\pi \times 3^2 \times \dfrac{x}{360} = 4\pi$ $\therefore x = 160$

따라서 부채꼴의 중심각의 크기는 $160°$이다.

9 (1) 부채꼴의 반지름의 길이를 $r\,\text{cm}$라 하면

$2\pi \times r \times \dfrac{72}{360} = 5\pi$ $\therefore r = \dfrac{25}{2}$

따라서 부채꼴의 반지름의 길이는 $\dfrac{25}{2}\,\text{cm}$이다.

(2) 부채꼴의 반지름의 길이를 $r\,\text{cm}$라 하면

$\pi \times r^2 \times \dfrac{60}{360} = 24\pi$, $r^2 = 144$

이때 $r > 0$이므로 $r = 12$

따라서 부채꼴의 반지름의 길이는 $12\,\text{cm}$이다.

10 (1) (부채꼴의 넓이) $= \dfrac{1}{2} \times 8 \times 6\pi = 24\pi\,(\text{cm}^2)$

(2) (부채꼴의 넓이) $= \dfrac{1}{2} \times 4 \times 5\pi = 10\pi\,(\text{cm}^2)$

11 (1) ❶ $2\pi \times 15 \times \dfrac{72}{360} = 6\pi\,(\text{cm})$

❷ $2\pi \times 10 \times \dfrac{72}{360} = 4\pi\,(\text{cm})$

❸ $(15 - 10) \times 2 = 10\,(\text{cm})$

➡ (색칠한 부분의 둘레의 길이)

$= 6\pi + 4\pi + 10$

$= 10\pi + 10\,(\text{cm})$

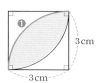

(2) ❶ $2\pi \times 3 \times \dfrac{90}{360} = \dfrac{3}{2}\pi\,(\text{cm})$

➡ (색칠한 부분의 둘레의 길이)

$= \dfrac{3}{2}\pi \times 2 = 3\pi\,(\text{cm})$

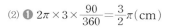

12 (1) (색칠한 부분의 넓이)

$= \left(14 \times 14 - \pi \times 14^2 \times \dfrac{90}{360}\right) \times 2$

$= (196 - 49\pi) \times 2$

$= 392 - 98\pi\,(\text{cm}^2)$

(2) (색칠한 부분의 넓이)

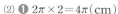

$= \left(4 \times 4 - \pi \times 4^2 \times \dfrac{90}{360}\right) \times 4$

$= 64 - 16\pi\,(\text{cm}^2)$

1 ③ $\overline{AC}$는 원 O의 지름이므로 길이가 가장 긴 현이다.
④ ∠AOB에 대한 호는 $\overset{\frown}{AB}$이다.

2 $x=180-60=120$
$26 : y = 120° : 60°$이므로
$26 : y = 2 : 1$　∴ $y=13$

3 △AOB가 $\overline{OA}=\overline{OB}$인 이등변삼각형이므로
$∠OAB=\dfrac{1}{2}\times(180°-130°)=25°$
$\overline{AB}\,/\!/\,\overline{CD}$이므로
$∠AOC=∠OAB=25°$(엇각)
부채꼴의 호의 길이는 중심각의 크기에 정비례하므로
$\overset{\frown}{AC} : 26 = 25° : 130°$, $\overset{\frown}{AC} : 26 = 5 : 26$
∴ $\overset{\frown}{AC}=5$(cm)

4 $9 : 36 = 30° : x°$이므로
$1 : 4 = 30 : x$　∴ $x=120$
$9 : y = 30° : 50°$이므로
$9 : y = 3 : 5$　∴ $y=15$
∴ $x+y=120+15=135$

5 ⑤ 현의 길이는 중심각의 크기에 정비례하지 않으므로 호의 길이에 정비례하지 않는다.

6 ❶ $2\pi\times5=10\pi$(cm)
❷ $2\pi\times3=6\pi$(cm)
❸ $2\pi\times2=4\pi$(cm)
➡ (색칠한 부분의 둘레의 길이)
$\qquad =10\pi+6\pi+4\pi$
$\qquad =20\pi$(cm)
(색칠한 부분의 넓이)

$=\pi\times5^2-\pi\times3^2-\pi\times2^2$
$=25\pi-9\pi-4\pi$
$=12\pi$(cm²)

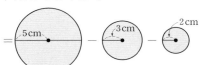

7 원의 반지름의 길이를 r cm라 하면
$2\pi\times r=18\pi$　∴ $r=9$
따라서 반지름의 길이는 9 cm이므로 구하는 원의 넓이는
$\pi\times9^2=81\pi$(cm²)

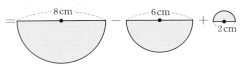

8 ❶ $2\pi\times4\times\dfrac{1}{2}=4\pi$(cm)
❷ $2\pi\times3\times\dfrac{1}{2}=3\pi$(cm)
❸ $2\pi\times1\times\dfrac{1}{2}=\pi$(cm)
➡ (색칠한 부분의 둘레의 길이)
$\qquad =4\pi+3\pi+\pi=8\pi$(cm)
(색칠한 부분의 넓이)
$=\pi\times4^2\times\dfrac{1}{2}-\pi\times3^2\times\dfrac{1}{2}+\pi\times1^2\times\dfrac{1}{2}$
$=8\pi-\dfrac{9}{2}\pi+\dfrac{1}{2}\pi=4\pi$(cm²)

9 (부채꼴의 호의 길이)$=2\pi\times12\times\dfrac{210}{360}=14\pi$(cm)
(부채꼴의 넓이)$=\pi\times12^2\times\dfrac{210}{360}=84\pi$(cm²)

10 부채꼴의 중심각의 크기를 $x°$라 하면
$\pi\times8^2\times\dfrac{x}{360}=48\pi$　∴ $x=270$
따라서 부채꼴의 중심각의 크기는 270°이다.

11 부채꼴의 호의 길이를 l cm라 하면
$\dfrac{1}{2}\times6\times l=27\pi$　∴ $l=9\pi$
따라서 부채꼴의 호의 길이는 9π cm이다.

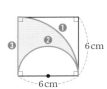

12 ❶ $2\pi\times6\times\dfrac{90}{360}=3\pi$(cm)
❷ $2\pi\times3\times\dfrac{1}{2}=3\pi$(cm)
❸ 6 cm
➡ (색칠한 부분의 둘레의 길이)$=3\pi+3\pi+6$
$\qquad\qquad\qquad\qquad\qquad\quad =6\pi+6$(cm)

13 (색칠한 부분의 넓이)

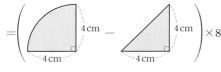

$=\left(\pi\times4^2\times\dfrac{90}{360}-\dfrac{1}{2}\times4\times4\right)\times8$
$=(4\pi-8)\times8=32\pi-64$(cm²)

6 다면체와 회전체

100~111쪽

001 답 ㄱ, ㄷ, ㅁ

002 답 ㄱ－오면체, ㄷ－칠면체, ㅁ－오면체

003 답 풀이 참조

다면체				
이름	오각기둥	육각기둥	팔각뿔	사각뿔대
면의 개수	7	8	9	6
모서리의 개수	15	18	16	12
꼭짓점의 개수	10	12	9	8
옆면의 모양	직사각형	직사각형	삼각형	사다리꼴

004 답 육면체

사각기둥의 면의 개수는 $4+2=6$이므로 육면체이다.

005 답 십면체

구각뿔의 면의 개수는 $9+1=10$이므로 십면체이다.

006 답 구면체

칠각뿔대의 면의 개수는 $7+2=9$이므로 구면체이다.

007 답 직사각형

008 답 삼각형

009 답 사다리꼴

010 답 16, 24

011 답 11, 20

012 답 12, 18

013 답 구각기둥

㈎, ㈏에서 구하는 다면체는 각기둥이므로 n각기둥이라 하면
㈐에서 $n=9$
따라서 조건을 모두 만족시키는 다면체는 구각기둥이다.

014 답 육각뿔

㈎, ㈏에서 구하는 다면체는 각뿔이므로 n각뿔이라 하면
㈐에서 $n+1=7$ ∴ $n=6$
따라서 조건을 모두 만족시키는 다면체는 육각뿔이다.

015 답 오각뿔대

㈎, ㈏에서 구하는 다면체는 각뿔대이므로 n각뿔대라 하면
㈐에서 $3n=15$ ∴ $n=5$
따라서 조건을 모두 만족시키는 다면체는 오각뿔대이다.

016 답 풀이 참조

정다면체					
	정사면체	정육면체	정팔면체	정십이면체	정이십면체
면의 모양	정삼각형	정사각형	정삼각형	정오각형	정삼각형
한 꼭짓점에 모인 면의 개수	3	3	4	3	5
면의 개수	4	6	8	12	20
모서리의 개수	6	12	12	30	30
꼭짓점의 개수	4	8	6	20	12

017 답 ○

018 답 ×

정다면체는 정사면체, 정육면체, 정팔면체, 정십이면체, 정이십면체의 다섯 가지뿐이다.

019 답 ○

020 답 ○

021 답 ×

정다면체는 입체도형이므로 한 꼭짓점에 모인 각의 크기의 합이 $360°$보다 작다.

022 답 ㄱ, ㄷ, ㅁ

023 답 ㄹ

024 답 ㄱ, ㄴ, ㄹ

025 답 ㅁ

026 답 정팔면체

각 면이 모두 합동인 정다각형이고 각 꼭짓점에 모인 면의 개수가 같은 다면체는 정다면체이다. 이때 면의 모양이 정삼각형이고 각 꼭짓점에 모인 면의 개수가 4인 정다면체는 정팔면체이다.

027 답 ㄹ

028 답 ㅁ

029 답 ㄱ

030 답 ㄷ

031 답 ㄴ

032 답

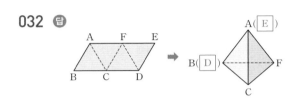

033 답 점 E

034 답 점 D

035 답 $\overline{ED}$

036 답

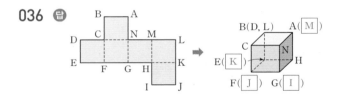

037 답 점 J

038 답 점 I

039 답 $\overline{AB}$(또는 $\overline{ML}$), $\overline{MH}$, $\overline{NC}$, $\overline{NG}$

040 답 면 DEFC

041 답

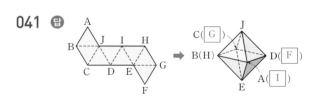

042 답 점 G

043 답 점 F

044 답 $\overline{BJ}$

045 답 $\overline{IE}$, $\overline{JA}$(또는 $\overline{JI}$), $\overline{DE}$(또는 $\overline{FE}$), $\overline{JD}$

046 답 ×

047 답 ○

048 답 ○

049 답 ○

050 답 ×

051 답 ②, ⑤
② 사각기둥은 다면체이다.
⑤ 원은 평면도형이므로 회전체가 아니다.

052 답

053 답

054 답

055 답

056 답 ㄱ

057 답 ㅂ

058 답 ㄹ

059 답 ㄷ

060 답

061 답

062 답

063 답

064 답

065 답

066 답

067 답

068 답

069 답

070 답 **48 cm²**
단면은 오른쪽 그림과 같은 직사각형이므로
(넓이)＝6×8＝48(cm²)

071 답 **32 cm²**
단면은 오른쪽 그림과 같은 이등변삼각형이므로
(넓이)＝$\frac{1}{2}$×8×8＝32(cm²)

072 답 **42 cm²**
단면은 오른쪽 그림과 같은 등변사다리꼴이므로
(넓이)＝$\frac{1}{2}$×(6＋8)×6＝42(cm²)

073 답 **25π cm²**
단면은 오른쪽 그림과 같은 원이므로
(넓이)＝π×5²＝25π(cm²)

074 답 원기둥

075 답 원뿔

076 답 원뿔대

077 답
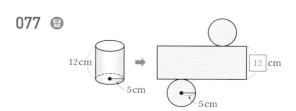

078 답
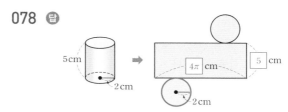

원기둥의 전개도에서 옆면의 가로의 길이는 밑면인 원의 둘레의 길이와 같으므로 2π×2＝4π(cm)

079 답
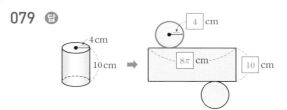

원기둥의 전개도에서 옆면의 가로의 길이는 밑면인 원의 둘레의 길이와 같으므로 2π×4＝8π(cm)

080 답
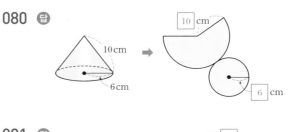

081 답
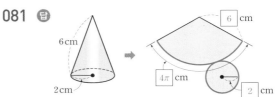

원뿔의 전개도에서 옆면인 부채꼴의 호의 길이는 밑면인 원의 둘레의 길이와 같으므로 2π×2＝4π(cm)

082 답

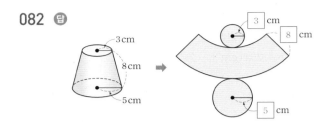

083 답

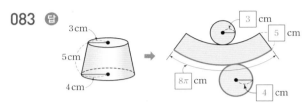

원뿔대의 전개도에서 옆면의 색칠한 부분의 길이는 반지름의 길이가 4 cm인 원의 둘레의 길이와 같으므로 $2\pi \times 4 = 8\pi\,(\text{cm})$

084 답 ×

회전체를 회전축에 수직인 평면으로 자른 단면의 경계가 항상 원이다.

085 답 ×

원뿔을 회전축에 수직인 평면으로 자른 단면은 오른쪽 그림과 같이 모두 원으로 모양은 같지만 그 크기가 다르므로 합동이 아니다.

086 답 ×

구의 회전축은 무수히 많다.

087 답 ○

088 답 ㄴ, ㄷ

ㄴ. 원뿔을 회전축에 수직인 평면으로 자른 단면의 모양은 원이다.
ㄷ. 원기둥을 회전축을 포함하는 평면으로 자른 단면은 직사각형이다.

기본 문제 × 확인하기 112~113쪽

1 (1) ㄱ — 사각뿔, ㄴ — 삼각뿔대, ㄷ — 사각기둥
(2) ㄱ — 오면체, ㄴ — 오면체, ㄷ — 육면체
(3) ㄱ — 삼각형, ㄴ — 사다리꼴, ㄷ — 직사각형
(4) ㄱ — 5, ㄴ — 6, ㄷ — 8
(5) ㄱ — 8, ㄴ — 9, ㄷ — 12

2 팔각기둥

3 (1) ○ (2) × (3) × (4) × (5) ○ (6) ○

4 (1) 정이십면체 (2) 12, 30 (3) 5

5 (1) ㄴ (2) ㄷ (3) ㄱ

6 (1) (마름모) (2) (직사각형 두 개)

7 (1) 원기둥 (2) 원, $9\pi\,\text{cm}^2$ (3) 직사각형, $30\,\text{cm}^2$

8 풀이 참조

---

2 (가), (나)에서 구하는 다면체는 각기둥이므로 n각기둥이라 하면
(다)에서 $3n = 24$ ∴ $n = 8$
따라서 조건을 모두 만족시키는 다면체는 팔각기둥이다.

3 (1) 정다면체는 정사면체, 정육면체, 정팔면체, 정십이면체, 정이십면체의 다섯 가지뿐이다.
(2), (4) 각 면이 모두 합동인 정다각형이고 각 꼭짓점에 모인 면의 개수가 같은 다면체가 정다면체이다.
(3) 정다면체의 이름은 정다각형의 면의 개수에 따라 결정된다.

7 (1) 주어진 평면도형을 직선 l을 회전축으로 하여 1회전 시킬 때 생기는 회전체는 오른쪽 그림과 같은 원기둥이다.

(2) 이 원기둥을 회전축에 수직인 평면으로 자를 때 생기는 단면은 반지름의 길이가 3 cm인 원이므로
(넓이) $= \pi \times 3^2 = 9\pi\,(\text{cm}^2)$

(3) 이 원기둥을 회전축을 포함하는 평면으로 자를 때 생기는 단면은 가로의 길이가 $3 \times 2 = 6\,(\text{cm})$, 세로의 길이가 5 cm인 직사각형이므로
(넓이) $= 6 \times 5 = 30\,(\text{cm}^2)$

8 (1)

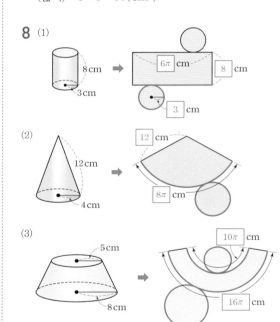

(2)

(3)

학교 시험 문제 × 확인하기 114~115쪽

1 ㄱ, ㄷ, ㅂ, ㅇ 2 ⑤ 3 ④ 4 ②

5 육각뿔대 6 ② 7 ⑤ 8 ⑤ 9 ⑤

10 ① 11 ④ 12 $35\,\text{cm}^2$ 13 $3\,\text{cm}$ 14 ③, ⑤

1 ㄴ, ㄹ, ㅈ. 원이나 곡면으로 둘러싸인 입체도형이므로 다면체가
아니다.

ㅁ, ㅅ. 평면도형이므로 다면체가 아니다.

따라서 다면체인 것은 ㄱ, ㄷ, ㅂ, ㅇ이다.

2 ① 사각기둥: $4+2=6$

② 오각뿔: $5+1=6$

③ 오각기둥: $5+2=7$

④ 칠각뿔: $7+1=8$

⑤ 칠각뿔대: $7+2=9$

따라서 면의 개수가 가장 많은 것은 ⑤이다.

3 구각기둥의 모서리의 개수는 $3\times9=27$이므로 $a=27$

오각뿔의 모서리의 개수는 $2\times5=10$이므로 $b=10$

$\therefore a+b=27+10=37$

4 ① 직육면체: $2\times4=8$

② 사각뿔: $4+1=5$

③ 사각뿔대: $2\times4=8$

④ 사각기둥: $2\times4=8$

⑤ 칠각뿔: $7+1=8$

따라서 꼭짓점의 개수가 나머지 넷과 다른 하나는 ②이다.

5 ㈎, ㈏에서 구하는 입체도형은 각뿔대이므로 n각뿔대라 하면
㈐에서 $n+2=8$ $\therefore n=6$

따라서 조건을 모두 만족시키는 입체도형은 육각뿔대이다.

6 ② 정십이면체의 면의 모양은 정오각형이다.

7 주어진 전개도로 만든 정육면체는 오른쪽
그림과 같으므로 $\overline{AB}$와 겹치는 모서리는 $\overline{KJ}$
이다.

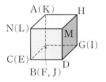

8 ⑤ 삼각기둥은 다면체이므로 회전체가 아니다.

11 원뿔을 회전축을 포함하는 평면으로 자른 단면의 모양은 이등
변삼각형이고, 회전축에 수직인 평면으로 자른 단면의 모양은 원이
다.

12 주어진 평면도형을 직선 l을 회전축으로 하여
1회전 시킬 때 생기는 회전체는 오른쪽 그림과 같은
원뿔대이다.

이 원뿔대를 회전축을 포함하는 평면으로 잘랐을 때
생기는 단면은 윗변의 길이가 6 cm, 아랫변의 길이
가 8 cm, 높이가 5 cm인 사다리꼴이므로

(넓이)$=\dfrac{1}{2}\times(6+8)\times5=35(cm^2)$

13 밑면인 원의 반지름의 길이를 r cm라 하면

$2\pi\times r=6\pi$ $\therefore r=3$

따라서 밑면인 원의 반지름의 길이는 3 cm이다.

14 ③ 원뿔대를 회전축에 수직인 평면으로 자른 단면은 원이다.

⑤ 오각뿔대는 다면체이므로 회전체가 아니다.

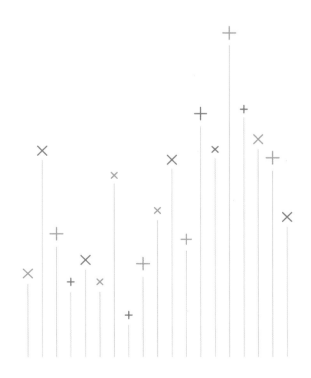

7 입체도형의 겉넓이와 부피

001 답 그림은 풀이 참조,
(1) **12 cm²** (2) **70 cm²** (3) **94 cm²**

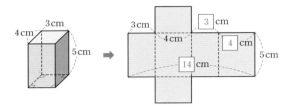

(1) (밑넓이)$=4\times3=12\,(\text{cm}^2)$

(2) (옆넓이)$=14\times5=70\,(\text{cm}^2)$

(3) (겉넓이)$=$(밑넓이)$\times2+$(옆넓이)
$=12\times2+70=94\,(\text{cm}^2)$

002 답 **294 cm²**

(밑넓이)$=7\times7=49\,(\text{cm}^2)$

(옆넓이)$=(7+7+7+7)\times7=196\,(\text{cm}^2)$

$\therefore$ (겉넓이)$=$(밑넓이)$\times2+$(옆넓이)
$=49\times2+196=294\,(\text{cm}^2)$

[다른 풀이] 주어진 각기둥은 한 모서리의 길이가 7 cm인 정육면체이므로
(겉넓이)$=$(한 면의 넓이)$\times6$
$=(7\times7)\times6$
$=294\,(\text{cm}^2)$

003 답 **264 cm²**

(밑넓이)$=\dfrac{1}{2}\times6\times8=24\,(\text{cm}^2)$

(옆넓이)$=(6+8+10)\times9=216\,(\text{cm}^2)$

$\therefore$ (겉넓이)$=$(밑넓이)$\times2+$(옆넓이)
$=24\times2+216=264\,(\text{cm}^2)$

004 답 **240 cm²**

(밑넓이)$=\dfrac{1}{2}\times(6+10)\times3=24\,(\text{cm}^2)$

(옆넓이)$=(6+5+10+3)\times8=192\,(\text{cm}^2)$

$\therefore$ (겉넓이)$=$(밑넓이)$\times2+$(옆넓이)
$=24\times2+192=240\,(\text{cm}^2)$

005 답 **296 cm²**

(밑넓이)$=\dfrac{1}{2}\times(6+12)\times4=36\,(\text{cm}^2)$

(옆넓이)$=(5+12+5+6)\times8=224\,(\text{cm}^2)$

$\therefore$ (겉넓이)$=$(밑넓이)$\times2+$(옆넓이)
$=36\times2+224=296\,(\text{cm}^2)$

006 답 그림은 풀이 참조,
(1) **9π cm²** (2) **60π cm²** (3) **78π cm²**

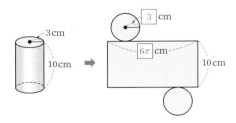

(옆면의 가로의 길이)$=$(밑면인 원의 둘레의 길이)
$=2\pi\times3=6\pi\,(\text{cm})$

(1) (밑넓이)$=\pi\times3^2=9\pi\,(\text{cm}^2)$

(2) (옆넓이)$=6\pi\times10=60\pi\,(\text{cm}^2)$

(3) (겉넓이)$=$(밑넓이)$\times2+$(옆넓이)
$=9\pi\times2+60\pi=78\pi\,(\text{cm}^2)$

007 답 **28π cm²**

(밑넓이)$=\pi\times2^2=4\pi\,(\text{cm}^2)$

(옆넓이)$=(2\pi\times2)\times5=20\pi\,(\text{cm}^2)$

$\therefore$ (겉넓이)$=$(밑넓이)$\times2+$(옆넓이)
$=4\pi\times2+20\pi=28\pi\,(\text{cm}^2)$

008 답 **96π cm²**

(밑넓이)$=\pi\times4^2=16\pi\,(\text{cm}^2)$

(옆넓이)$=(2\pi\times4)\times8=64\pi\,(\text{cm}^2)$

$\therefore$ (겉넓이)$=$(밑넓이)$\times2+$(옆넓이)
$=16\pi\times2+64\pi=96\pi\,(\text{cm}^2)$

009 답 **170π cm²**

(밑넓이)$=\pi\times5^2=25\pi\,(\text{cm}^2)$

(옆넓이)$=(2\pi\times5)\times12=120\pi\,(\text{cm}^2)$

$\therefore$ (겉넓이)$=$(밑넓이)$\times2+$(옆넓이)
$=25\pi\times2+120\pi=170\pi\,(\text{cm}^2)$

010 답 **60π cm²**

밑면인 원의 반지름의 길이를 r cm라 하면
$2\pi\times r=6\pi$ $\therefore r=3$

즉, 밑면인 원의 반지름의 길이는 3 cm이므로

(밑넓이)$=\pi\times3^2=9\pi\,(\text{cm}^2)$

(옆넓이)$=6\pi\times7=42\pi\,(\text{cm}^2)$

$\therefore$ (겉넓이)$=$(밑넓이)$\times2+$(옆넓이)
$=9\pi\times2+42\pi=60\pi\,(\text{cm}^2)$

011 답 그림은 풀이 참조, (1) **12π cm²** (2) **(32π+96) cm²**
(3) **(56π+96) cm²**

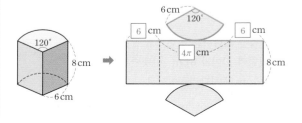

$($밑면인 부채꼴의 호의 길이$)=2\pi\times6\times\dfrac{120}{360}=4\pi(\text{cm})$

(1) $($밑넓이$)=\pi\times6^2\times\dfrac{120}{360}=12\pi(\text{cm}^2)$

(2) $($옆면의 가로의 길이$)=6+4\pi+6=4\pi+12(\text{cm})$

$\therefore($옆넓이$)=(4\pi+12)\times8=32\pi+96(\text{cm}^2)$

(3) $($겉넓이$)=($밑넓이$)\times2+($옆넓이$)$
$\qquad=12\pi\times2+(32\pi+96)=56\pi+96(\text{cm}^2)$

---

012 답 $(28\pi+80)\,\text{cm}^2$

$($밑넓이$)=\pi\times4^2\times\dfrac{90}{360}=4\pi(\text{cm}^2)$

밑면인 부채꼴의 호의 길이는

$2\pi\times4\times\dfrac{90}{360}=2\pi(\text{cm})$이므로

$($옆면의 가로의 길이$)=4+2\pi+4=2\pi+8(\text{cm})$

$($옆넓이$)=(2\pi+8)\times10=20\pi+80(\text{cm}^2)$

$\therefore($겉넓이$)=($밑넓이$)\times2+($옆넓이$)$
$\qquad=4\pi\times2+(20\pi+80)=28\pi+80(\text{cm}^2)$

---

013 답 (1) $44\,\text{cm}^2$ (2) $380\,\text{cm}^2$ (3) $260\,\text{cm}^2$ (4) $728\,\text{cm}^2$

(1) $($밑넓이$)=12\times7-8\times5=44(\text{cm}^2)$

(2) $($바깥쪽의 옆넓이$)=(7+12+7+12)\times10=380(\text{cm}^2)$

(3) $($안쪽의 옆넓이$)=(5+8+5+8)\times10=260(\text{cm}^2)$

(4) $($겉넓이$)=($밑넓이$)\times2+($바깥쪽의 옆넓이$)+($안쪽의 옆넓이$)$
$\qquad=44\times2+380+260$
$\qquad=728(\text{cm}^2)$

---

014 답 $112\pi\,\text{cm}^2$

$($밑넓이$)=\pi\times5^2-\pi\times2^2=21\pi(\text{cm}^2)$

$($바깥쪽의 옆넓이$)=(2\pi\times5)\times5=50\pi(\text{cm}^2)$

$($안쪽의 옆넓이$)=(2\pi\times2)\times5=20\pi(\text{cm}^2)$

$\therefore($겉넓이$)=($밑넓이$)\times2+($바깥쪽의 옆넓이$)+($안쪽의 옆넓이$)$
$\qquad=21\pi\times2+50\pi+20\pi$
$\qquad=112\pi(\text{cm}^2)$

---

015 답 (1) $15\,\text{cm}^2$ (2) $6\,\text{cm}$ (3) $90\,\text{cm}^3$

(1) $($밑넓이$)=5\times3=15(\text{cm}^2)$

(2) $($높이$)=6\,\text{cm}$

(3) $($부피$)=($밑넓이$)\times($높이$)=15\times6=90(\text{cm}^3)$

---

016 답 $210\,\text{cm}^3$

$($밑넓이$)=\dfrac{1}{2}\times12\times5=30(\text{cm}^2)$

$\therefore($부피$)=($밑넓이$)\times($높이$)=30\times7=210(\text{cm}^3)$

---

017 답 $108\,\text{cm}^3$

$($밑넓이$)=\dfrac{1}{2}\times8\times3=12(\text{cm}^2)$

$\therefore($부피$)=($밑넓이$)\times($높이$)=12\times9=108(\text{cm}^3)$

---

018 답 $240\,\text{cm}^3$

$($밑넓이$)=\dfrac{1}{2}\times(4+8)\times5=30(\text{cm}^2)$

$\therefore($부피$)=($밑넓이$)\times($높이$)=30\times8=240(\text{cm}^3)$

---

019 답 $70\,\text{cm}^3$

$($밑넓이$)=\dfrac{1}{2}\times(2+5)\times5=\dfrac{35}{2}(\text{cm}^2)$

$\therefore($부피$)=($밑넓이$)\times($높이$)=\dfrac{35}{2}\times4=70(\text{cm}^3)$

---

020 답 (1) $16\pi\,\text{cm}^2$ (2) $7\,\text{cm}$ (3) $112\pi\,\text{cm}^3$

(1) $($밑넓이$)=\pi\times4^2=16\pi(\text{cm}^2)$

(2) $($높이$)=7\,\text{cm}$

(3) $($부피$)=($밑넓이$)\times($높이$)=16\pi\times7=112\pi(\text{cm}^3)$

---

021 답 $72\pi\,\text{cm}^3$

$($밑넓이$)=\pi\times3^2=9\pi(\text{cm}^2)$

$\therefore($부피$)=($밑넓이$)\times($높이$)=9\pi\times8=72\pi(\text{cm}^3)$

---

022 답 $196\pi\,\text{cm}^3$

$($밑넓이$)=\pi\times7^2=49\pi(\text{cm}^2)$

$\therefore($부피$)=($밑넓이$)\times($높이$)=49\pi\times4=196\pi(\text{cm}^3)$

---

023 답 $136\pi\,\text{cm}^3$

$($작은 원기둥의 밑넓이$)=\pi\times3^2=9\pi(\text{cm}^2)$

$\therefore($작은 원기둥의 부피$)=9\pi\times4=36\pi(\text{cm}^3)$

$($큰 원기둥의 밑넓이$)=\pi\times5^2=25\pi(\text{cm}^2)$

$\therefore($큰 원기둥의 부피$)=25\pi\times4=100\pi(\text{cm}^3)$

$\therefore($입체도형의 부피$)$
$\quad=($작은 원기둥의 부피$)+($큰 원기둥의 부피$)$
$\quad=36\pi+100\pi=136\pi(\text{cm}^3)$

---

024 답 (1) $\dfrac{50}{3}\pi\,\text{cm}^2$ (2) $9\,\text{cm}$ (3) $150\pi\,\text{cm}^3$

(1) $($밑넓이$)=\pi\times5^2\times\dfrac{240}{360}=\dfrac{50}{3}\pi(\text{cm}^2)$

(2) $($높이$)=9\,\text{cm}$

(3) $($부피$)=($밑넓이$)\times($높이$)=\dfrac{50}{3}\pi\times9=150\pi(\text{cm}^3)$

---

025 답 $70\pi\,\text{cm}^3$

$($밑넓이$)=\pi\times6^2\times\dfrac{100}{360}=10\pi(\text{cm}^2)$

$\therefore($부피$)=($밑넓이$)\times($높이$)=10\pi\times7=70\pi(\text{cm}^3)$

---

026 답 $80\pi\,\text{cm}^3$

$($밑넓이$)=\pi\times4^2\times\dfrac{1}{2}=8\pi(\text{cm}^2)$

$\therefore($부피$)=($밑넓이$)\times($높이$)=8\pi\times10=80\pi(\text{cm}^3)$

027 답 (1) $288\pi\,\mathrm{cm}^3$ (2) $72\pi\,\mathrm{cm}^3$ (3) $216\pi\,\mathrm{cm}^3$

(1) (밑넓이)$=\pi\times6^2=36\pi(\mathrm{cm}^2)$

∴ (큰 원기둥의 부피)$=$(밑넓이)$\times$(높이)
$$=36\pi\times8=288\pi(\mathrm{cm}^3)$$

(2) (밑넓이)$=\pi\times3^2=9\pi(\mathrm{cm}^2)$

∴ (작은 원기둥의 부피)$=$(밑넓이)$\times$(높이)
$$=9\pi\times8=72\pi(\mathrm{cm}^3)$$

(3) (구멍이 뚫린 원기둥의 부피)

$=$(큰 원기둥의 부피)$-$(작은 원기둥의 부피)

$=288\pi-72\pi=216\pi(\mathrm{cm}^3)$

028 답 $320\pi\,\mathrm{cm}^3$

(i) 큰 원기둥에서

(밑넓이)$=\pi\times6^2=36\pi(\mathrm{cm}^2)$

∴ (큰 원기둥의 부피)$=$(밑넓이)$\times$(높이)
$$=36\pi\times10=360\pi(\mathrm{cm}^3)$$

(ii) 작은 원기둥에서

(밑넓이)$=\pi\times2^2=4\pi(\mathrm{cm}^2)$

∴ (작은 원기둥의 부피)$=$(밑넓이)$\times$(높이)
$$=4\pi\times10=40\pi(\mathrm{cm}^3)$$

∴ (구멍이 뚫린 원기둥의 부피)

$=$(큰 원기둥의 부피)$-$(작은 원기둥의 부피)

$=360\pi-40\pi=320\pi(\mathrm{cm}^3)$

029 답 $35\pi\,\mathrm{cm}^3$

(i) 큰 원기둥에서

(밑넓이)$=\pi\times4^2=16\pi(\mathrm{cm}^2)$

∴ (큰 원기둥의 부피)$=$(밑넓이)$\times$(높이)
$$=16\pi\times5=80\pi(\mathrm{cm}^3)$$

(ii) 작은 원기둥에서

(밑넓이)$=\pi\times3^2=9\pi(\mathrm{cm}^2)$

∴ (작은 원기둥의 부피)$=$(밑넓이)$\times$(높이)
$$=9\pi\times5=45\pi(\mathrm{cm}^3)$$

∴ (구멍이 뚫린 원기둥의 부피)

$=$(큰 원기둥의 부피)$-$(작은 원기둥의 부피)

$=80\pi-45\pi=35\pi(\mathrm{cm}^3)$

030 답 그림은 풀이 참조,

(1) $4\pi\,\mathrm{cm}^2$ (2) $28\pi\,\mathrm{cm}^2$ (3) $20\pi\,\mathrm{cm}^3$

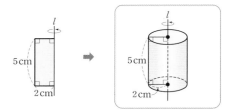

(1) (밑넓이)$=\pi\times2^2=4\pi(\mathrm{cm}^2)$

(2) (옆넓이)$=(2\pi\times2)\times5=20\pi(\mathrm{cm}^2)$

∴ (겉넓이)$=4\pi\times2+20\pi=28\pi(\mathrm{cm}^2)$

(3) (부피)$=4\pi\times5=20\pi(\mathrm{cm}^3)$

031 답 (1) $54\pi\,\mathrm{cm}^2$ (2) $54\pi\,\mathrm{cm}^3$

(1) (밑넓이)$=\pi\times3^2=9\pi(\mathrm{cm}^2)$

(옆넓이)$=(2\pi\times3)\times6=36\pi(\mathrm{cm}^2)$

∴ (겉넓이)$=$(밑넓이)$\times2+$(옆넓이)

$=9\pi\times2+36\pi=54\pi(\mathrm{cm}^2)$

(2) (부피)$=9\pi\times6=54\pi(\mathrm{cm}^3)$

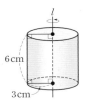

032 답 (1) $80\pi\,\mathrm{cm}^2$ (2) $75\pi\,\mathrm{cm}^3$

(1) (밑넓이)$=\pi\times5^2=25\pi(\mathrm{cm}^2)$

(옆넓이)$=(2\pi\times5)\times3=30\pi(\mathrm{cm}^2)$

∴ (겉넓이)$=$(밑넓이)$\times2+$(옆넓이)

$=25\pi\times2+30\pi=80\pi(\mathrm{cm}^2)$

(2) (부피)$=25\pi\times3=75\pi(\mathrm{cm}^3)$

033 답 그림은 풀이 참조,

(1) $100\,\mathrm{cm}^2$ (2) $240\,\mathrm{cm}^2$ (3) $340\,\mathrm{cm}^2$

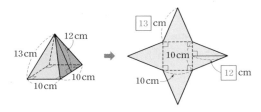

(1) (밑넓이)$=10\times10=100(\mathrm{cm}^2)$

(2) (옆넓이)$=\left(\dfrac{1}{2}\times10\times12\right)\times4=240(\mathrm{cm}^2)$

(3) (겉넓이)$=$(밑넓이)$+$(옆넓이)$=100+240=340(\mathrm{cm}^2)$

034 답 $105\,\mathrm{cm}^2$

(밑넓이)$=5\times5=25(\mathrm{cm}^2)$

(옆넓이)$=\left(\dfrac{1}{2}\times5\times8\right)\times4=80(\mathrm{cm}^2)$

∴ (겉넓이)$=$(밑넓이)$+$(옆넓이)$=25+80=105(\mathrm{cm}^2)$

035 답 $180\,\mathrm{cm}^2$

(밑넓이)$=6\times6=36(\mathrm{cm}^2)$

(옆넓이)$=\left(\dfrac{1}{2}\times6\times12\right)\times4=144(\mathrm{cm}^2)$

∴ (겉넓이)$=$(밑넓이)$+$(옆넓이)$=36+144=180(\mathrm{cm}^2)$

036 답 그림은 풀이 참조,

(1) $9\pi\,\mathrm{cm}^2$ (2) $15\pi\,\mathrm{cm}^2$ (3) $24\pi\,\mathrm{cm}^2$

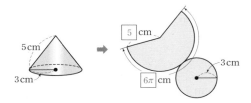

(옆면인 부채꼴의 호의 길이)$=2\pi\times3=6\pi(\mathrm{cm})$

(1) (밑넓이)$=\pi\times3^2=9\pi(\text{cm}^2)$

(2) (옆넓이)$=\dfrac{1}{2}\times5\times6\pi=15\pi(\text{cm}^2)$

(3) (겉넓이)$=$(밑넓이)$+$(옆넓이)$=9\pi+15\pi=24\pi(\text{cm}^2)$

037 답 $200\pi\,\text{cm}^2$

(밑넓이)$=\pi\times8^2=64\pi(\text{cm}^2)$

(옆넓이)$=\dfrac{1}{2}\times17\times(2\pi\times8)=136\pi(\text{cm}^2)$

$\therefore$ (겉넓이)$=$(밑넓이)$+$(옆넓이)$=64\pi+136\pi=200\pi(\text{cm}^2)$

038 답 $90\pi\,\text{cm}^2$

(밑넓이)$=\pi\times5^2=25\pi(\text{cm}^2)$

(옆넓이)$=\dfrac{1}{2}\times13\times(2\pi\times5)=65\pi(\text{cm}^2)$

$\therefore$ (겉넓이)$=$(밑넓이)$+$(옆넓이)$=25\pi+65\pi=90\pi(\text{cm}^2)$

039 답 그림은 풀이 참조,

(1) **2**   (2) $4\pi\,\text{cm}^2$ (3) $12\pi\,\text{cm}^2$ (4) $16\pi\,\text{cm}^2$

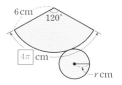

옆면인 부채꼴의 호의 길이는 $2\pi\times6\times\dfrac{120}{360}=4\pi(\text{cm})$이므로

(1) $2\pi\times r=4\pi$ $\therefore r=2$

(2) (밑넓이)$=\pi\times2^2=4\pi(\text{cm}^2)$

(3) (옆넓이)$=\dfrac{1}{2}\times6\times4\pi=12\pi(\text{cm}^2)$

(4) (겉넓이)$=$(밑넓이)$+$(옆넓이)$=4\pi+12\pi=16\pi(\text{cm}^2)$

040 답 $85\pi\,\text{cm}^2$

옆면인 부채꼴의 호의 길이는 $2\pi\times12\times\dfrac{150}{360}=10\pi(\text{cm})$이므로

밑면인 원의 반지름의 길이를 $r\,\text{cm}$라 하면

$2\pi\times r=10\pi$ $\therefore r=5$

즉, 밑면인 원의 반지름의 길이는 $5\,\text{cm}$이므로

(밑넓이)$=\pi\times5^2=25\pi(\text{cm}^2)$

(옆넓이)$=\dfrac{1}{2}\times12\times10\pi=60\pi(\text{cm}^2)$

$\therefore$ (겉넓이)$=$(밑넓이)$+$(옆넓이)$=25\pi+60\pi=85\pi(\text{cm}^2)$

041 답 $80\pi\,\text{cm}^2$

옆면인 부채꼴의 호의 길이는 $2\pi\times16\times\dfrac{90}{360}=8\pi(\text{cm})$이므로

밑면인 원의 반지름의 길이를 $r\,\text{cm}$라 하면

$2\pi\times r=8\pi$ $\therefore r=4$

즉, 밑면인 원의 반지름의 길이는 $4\,\text{cm}$이므로

(밑넓이)$=\pi\times4^2=16\pi(\text{cm}^2)$

(옆넓이)$=\dfrac{1}{2}\times16\times8\pi=64\pi(\text{cm}^2)$

$\therefore$ (겉넓이)$=$(밑넓이)$+$(옆넓이)$=16\pi+64\pi=80\pi(\text{cm}^2)$

042 답 (1) $16\,\text{cm}^2$ (2) $6\,\text{cm}$ (3) $32\,\text{cm}^3$

(1) (밑넓이)$=4\times4=16(\text{cm}^2)$

(2) (높이)$=6\,\text{cm}$

(3) (부피)$=\dfrac{1}{3}\times$(밑넓이)$\times$(높이)$=\dfrac{1}{3}\times16\times6=32(\text{cm}^3)$

043 답 $12\,\text{cm}^3$

(밑넓이)$=3\times3=9(\text{cm}^2)$

$\therefore$ (부피)$=\dfrac{1}{3}\times$(밑넓이)$\times$(높이)$=\dfrac{1}{3}\times9\times4=12(\text{cm}^3)$

044 답 $35\,\text{cm}^3$

(밑넓이)$=\dfrac{1}{2}\times6\times5=15(\text{cm}^2)$

$\therefore$ (부피)$=\dfrac{1}{3}\times$(밑넓이)$\times$(높이)$=\dfrac{1}{3}\times15\times7=35(\text{cm}^3)$

045 답 $84\,\text{cm}^3$

(밑넓이)$=\dfrac{1}{2}\times8\times7=28(\text{cm}^2)$

$\therefore$ (부피)$=\dfrac{1}{3}\times$(밑넓이)$\times$(높이)$=\dfrac{1}{3}\times28\times9=84(\text{cm}^3)$

046 답 (1) $18\,\text{cm}^2$ (2) $6\,\text{cm}$ (3) $36\,\text{cm}^3$

(1) ($\triangle$ABC의 넓이)$=\dfrac{1}{2}\times6\times6=18(\text{cm}^2)$

(2) $\overline{\text{BF}}=6\,\text{cm}$

(3) (부피)$=\dfrac{1}{3}\times$($\triangle$ABC의 넓이)$\times\overline{\text{BF}}$

$\qquad=\dfrac{1}{3}\times18\times6=36(\text{cm}^3)$

047 답 $10\,\text{cm}^3$

($\triangle$ABC의 넓이)$=\dfrac{1}{2}\times4\times3=6(\text{cm}^2)$이므로

(부피)$=\dfrac{1}{3}\times$($\triangle$ABC의 넓이)$\times\overline{\text{BF}}$

$\qquad=\dfrac{1}{3}\times6\times5=10(\text{cm}^3)$

048 답 $96\,\text{cm}^3$

($\triangle$ABC의 넓이)$=\dfrac{1}{2}\times8\times8=32(\text{cm}^2)$이므로

(부피)$=\dfrac{1}{3}\times$($\triangle$ABC의 넓이)$\times\overline{\text{BF}}$

$\qquad=\dfrac{1}{3}\times32\times9=96(\text{cm}^3)$

049 답 (1) $25\pi\,\text{cm}^2$ (2) $9\,\text{cm}$ (3) $75\pi\,\text{cm}^3$

(1) (밑넓이)$=\pi\times5^2=25\pi(\text{cm}^2)$

(2) (높이)$=9\,\text{cm}$

(3) (부피)$=\dfrac{1}{3}\times$(밑넓이)$\times$(높이)$=\dfrac{1}{3}\times25\pi\times9=75\pi(\text{cm}^3)$

050 답 $32\pi\,\text{cm}^3$

(밑넓이)$=\pi\times4^2=16\pi(\text{cm}^2)$

$\therefore$ (부피)$=\dfrac{1}{3}\times$(밑넓이)$\times$(높이)$=\dfrac{1}{3}\times16\pi\times6=32\pi(\text{cm}^3)$

051　답 $144\pi\,\text{cm}^3$

(밑넓이)$=\pi\times6^2=36\pi(\text{cm}^2)$

∴ (부피)$=\dfrac{1}{3}\times$(밑넓이)$\times$(높이)$=\dfrac{1}{3}\times36\pi\times12=144\pi(\text{cm}^3)$

052　답 (1) $58\,\text{cm}^2$　(2) $100\,\text{cm}^2$　(3) $158\,\text{cm}^2$

(1) (두 밑넓이의 합)$=3\times3+7\times7$

$\qquad\qquad\qquad\quad=9+49=58(\text{cm}^2)$

(2) (옆넓이)$=\left\{\dfrac{1}{2}\times(3+7)\times5\right\}\times4=100(\text{cm}^2)$

(3) (겉넓이)$=$(두 밑넓이의 합)$+$(옆넓이)

$\qquad\qquad\quad=58+100=158(\text{cm}^2)$

053　답 $85\,\text{cm}^2$

(두 밑넓이의 합)$=2\times2+5\times5$

$\qquad\qquad\qquad\quad=4+25=29(\text{cm}^2)$

(옆넓이)$=\left\{\dfrac{1}{2}\times(2+5)\times4\right\}\times4=56(\text{cm}^2)$

∴ (겉넓이)$=$(두 밑넓이의 합)$+$(옆넓이)

$\qquad\qquad\quad=29+56=85(\text{cm}^2)$

054　답 $219\,\text{cm}^2$

(두 밑넓이의 합)$=5\times5+8\times8$

$\qquad\qquad\qquad\quad=25+64=89(\text{cm}^2)$

(옆넓이)$=\left\{\dfrac{1}{2}\times(5+8)\times5\right\}\times4=130(\text{cm}^2)$

∴ (겉넓이)$=$(두 밑넓이의 합)$+$(옆넓이)

$\qquad\qquad\quad=89+130=219(\text{cm}^2)$

055　답 $253\,\text{cm}^2$

(두 밑넓이의 합)$=4\times4+9\times9$

$\qquad\qquad\qquad\quad=16+81=97(\text{cm}^2)$

(옆넓이)$=\left\{\dfrac{1}{2}\times(4+9)\times6\right\}\times4=156(\text{cm}^2)$

∴ (겉넓이)$=$(두 밑넓이의 합)$+$(옆넓이)

$\qquad\qquad\quad=97+156=253(\text{cm}^2)$

056　답 그림은 풀이 참조, (1) $45\pi\,\text{cm}^2$　(2) $60\pi\,\text{cm}^2$

$\qquad$ (3) $15\pi\,\text{cm}^2$　(4) $60\pi,\ 15\pi,\ 45\pi$　(5) $90\pi\,\text{cm}^2$

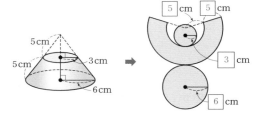

(1) (두 밑넓이의 합)$=\pi\times3^2+\pi\times6^2$

$\qquad\qquad\qquad\quad=9\pi+36\pi=45\pi(\text{cm}^2)$

(2) (큰 부채꼴의 넓이)$=\dfrac{1}{2}\times(5+5)\times(2\pi\times6)=60\pi(\text{cm}^2)$

(3) (작은 부채꼴의 넓이)$=\dfrac{1}{2}\times5\times(2\pi\times3)=15\pi(\text{cm}^2)$

(5) (겉넓이)$=$(두 밑넓이의 합)$+$(옆넓이)

$\qquad\qquad\quad=45\pi+45\pi=90\pi(\text{cm}^2)$

057　답 $44\pi\,\text{cm}^2$

(두 밑넓이의 합)$=\pi\times2^2+\pi\times4^2$

$\qquad\qquad\qquad\quad=4\pi+16\pi=20\pi(\text{cm}^2)$

(옆넓이)$=\dfrac{1}{2}\times(4+4)\times(2\pi\times4)-\dfrac{1}{2}\times4\times(2\pi\times2)$

$\qquad\quad=32\pi-8\pi=24\pi(\text{cm}^2)$

∴ (겉넓이)$=$(두 밑넓이의 합)$+$(옆넓이)

$\qquad\qquad\quad=20\pi+24\pi=44\pi(\text{cm}^2)$

058　답 $164\pi\,\text{cm}^2$

(두 밑넓이의 합)$=\pi\times4^2+\pi\times8^2$

$\qquad\qquad\qquad\quad=16\pi+64\pi=80\pi(\text{cm}^2)$

(옆넓이)$=\dfrac{1}{2}\times(7+7)\times(2\pi\times8)-\dfrac{1}{2}\times7\times(2\pi\times4)$

$\qquad\quad=112\pi-28\pi=84\pi(\text{cm}^2)$

∴ (겉넓이)$=$(두 밑넓이의 합)$+$(옆넓이)

$\qquad\qquad\quad=80\pi+84\pi=164\pi(\text{cm}^2)$

059　답 $98\pi\,\text{cm}^2$

(두 밑넓이의 합)$=\pi\times3^2+\pi\times5^2$

$\qquad\qquad\qquad\quad=9\pi+25\pi=34\pi(\text{cm}^2)$

(옆넓이)$=\dfrac{1}{2}\times(12+8)\times(2\pi\times5)-\dfrac{1}{2}\times12\times(2\pi\times3)$

$\qquad\quad=100\pi-36\pi=64\pi(\text{cm}^2)$

∴ (겉넓이)$=$(두 밑넓이의 합)$+$(옆넓이)

$\qquad\qquad\quad=34\pi+64\pi=98\pi(\text{cm}^2)$

060　답 $142\pi\,\text{cm}^2$

(두 밑넓이의 합)$=\pi\times6^2+\pi\times8^2$

$\qquad\qquad\qquad\quad=36\pi+64\pi=100\pi(\text{cm}^2)$

(옆넓이)$=\dfrac{1}{2}\times(9+3)\times(2\pi\times8)-\dfrac{1}{2}\times9\times(2\pi\times6)$

$\qquad\quad=96\pi-54\pi=42\pi(\text{cm}^2)$

∴ (겉넓이)$=$(두 밑넓이의 합)$+$(옆넓이)

$\qquad\qquad\quad=100\pi+42\pi=142\pi(\text{cm}^2)$

061　답 (1) $32\,\text{cm}^3$　(2) $4\,\text{cm}^3$　(3) $32,\ 4,\ 28$

(1) (큰 사각뿔의 부피)$=\dfrac{1}{3}\times(4\times4)\times(3+3)=32(\text{cm}^3)$

(2) (작은 사각뿔의 부피)$=\dfrac{1}{3}\times(2\times2)\times3=4(\text{cm}^3)$

062　답 $78\,\text{cm}^3$

(큰 사각뿔의 부피)$=\dfrac{1}{3}\times(5\times5)\times(4+6)=\dfrac{250}{3}(\text{cm}^3)$

(작은 사각뿔의 부피)$=\dfrac{1}{3}\times(2\times2)\times4=\dfrac{16}{3}(\text{cm}^3)$

∴ (사각뿔대의 부피)$=$(큰 사각뿔의 부피)$-$(작은 사각뿔의 부피)

$\qquad\qquad\qquad\qquad=\dfrac{250}{3}-\dfrac{16}{3}=78(\text{cm}^3)$

063 답 $228\,\mathrm{cm}^3$

(큰 사각뿔의 부피)$=\dfrac{1}{3}\times(9\times9)\times(8+4)=324(\mathrm{cm}^3)$

(작은 사각뿔의 부피)$=\dfrac{1}{3}\times(6\times6)\times8=96(\mathrm{cm}^3)$

∴ (사각뿔대의 부피)=(큰 사각뿔의 부피)−(작은 사각뿔의 부피)

$\qquad\qquad\qquad\quad=324-96=228(\mathrm{cm}^3)$

064 답 (1) $72\pi\,\mathrm{cm}^3$ (2) $9\pi\,\mathrm{cm}^3$ (3) 72π, 9π, 63π

(1) (큰 원뿔의 부피)$=\dfrac{1}{3}\times(\pi\times6^2)\times(3+3)=72\pi(\mathrm{cm}^3)$

(2) (작은 원뿔의 부피)$=\dfrac{1}{3}\times(\pi\times3^2)\times3=9\pi(\mathrm{cm}^3)$

065 답 $84\pi\,\mathrm{cm}^3$

(큰 원뿔의 부피)$=\dfrac{1}{3}\times(\pi\times6^2)\times(4+4)=96\pi(\mathrm{cm}^3)$

(작은 원뿔의 부피)$=\dfrac{1}{3}\times(\pi\times3^2)\times4=12\pi(\mathrm{cm}^3)$

∴ (원뿔대의 부피)=(큰 원뿔의 부피)−(작은 원뿔의 부피)

$\qquad\qquad\qquad\quad=96\pi-12\pi=84\pi(\mathrm{cm}^3)$

066 답 $76\pi\,\mathrm{cm}^3$

(큰 원뿔의 부피)$=\dfrac{1}{3}\times(\pi\times6^2)\times(6+3)=108\pi(\mathrm{cm}^3)$

(작은 원뿔의 부피)$=\dfrac{1}{3}\times(\pi\times4^2)\times6=32\pi(\mathrm{cm}^3)$

∴ (원뿔대의 부피)=(큰 원뿔의 부피)−(작은 원뿔의 부피)

$\qquad\qquad\qquad\quad=108\pi-32\pi=76\pi(\mathrm{cm}^3)$

067 답 $285\pi\,\mathrm{cm}^3$

(큰 원뿔의 부피)$=\dfrac{1}{3}\times(\pi\times9^2)\times(10+5)=405\pi(\mathrm{cm}^3)$

(작은 원뿔의 부피)$=\dfrac{1}{3}\times(\pi\times6^2)\times10=120\pi(\mathrm{cm}^3)$

∴ (원뿔대의 부피)=(큰 원뿔의 부피)−(작은 원뿔의 부피)

$\qquad\qquad\qquad\quad=405\pi-120\pi=285\pi(\mathrm{cm}^3)$

068 답 $468\pi\,\mathrm{cm}^3$

주어진 사다리꼴을 직선 l을 회전축으로 하여 1회전 시킬 때 생기는 입체도형은 오른쪽 그림과 같은 원뿔대이다.

(큰 원뿔의 부피)$=\dfrac{1}{3}\times(\pi\times10^2)\times(6+9)$

$\qquad\qquad\qquad=500\pi(\mathrm{cm}^3)$

(작은 원뿔의 부피)$=\dfrac{1}{3}\times(\pi\times4^2)\times6$

$\qquad\qquad\qquad\quad=32\pi(\mathrm{cm}^3)$

∴ (원뿔대의 부피)=(큰 원뿔의 부피)−(작은 원뿔의 부피)

$\qquad\qquad\qquad\quad=500\pi-32\pi=468\pi(\mathrm{cm}^3)$

069 답 (1) $36\pi\,\mathrm{cm}^2$ (2) $36\pi\,\mathrm{cm}^3$

(1) (겉넓이)$=4\pi\times3^2=36\pi(\mathrm{cm}^2)$

(2) (부피)$=\dfrac{4}{3}\pi\times3^3=36\pi(\mathrm{cm}^3)$

070 답 (1) $64\pi\,\mathrm{cm}^2$ (2) $\dfrac{256}{3}\pi\,\mathrm{cm}^3$

(1) (겉넓이)$=4\pi\times4^2=64\pi(\mathrm{cm}^2)$

(2) (부피)$=\dfrac{4}{3}\pi\times4^3=\dfrac{256}{3}\pi(\mathrm{cm}^3)$

071 답 (1) $16\pi\,\mathrm{cm}^2$ (2) $\dfrac{32}{3}\pi\,\mathrm{cm}^3$

(1) (겉넓이)$=4\pi\times2^2=16\pi(\mathrm{cm}^2)$

(2) (부피)$=\dfrac{4}{3}\pi\times2^3=\dfrac{32}{3}\pi(\mathrm{cm}^3)$

072 답 (1) $144\pi\,\mathrm{cm}^2$ (2) $288\pi\,\mathrm{cm}^3$

(1) (겉넓이)$=4\pi\times6^2=144\pi(\mathrm{cm}^2)$

(2) (부피)$=\dfrac{4}{3}\pi\times6^3=288\pi(\mathrm{cm}^3)$

073 답 (1) $324\pi\,\mathrm{cm}^2$ (2) $972\pi\,\mathrm{cm}^3$

(1) (겉넓이)$=4\pi\times9^2=324\pi(\mathrm{cm}^2)$

(2) (부피)$=\dfrac{4}{3}\pi\times9^3=972\pi(\mathrm{cm}^3)$

074 답 (1) 36π, 9π, 27π (2) 36π, 18π

075 답 (1) $75\pi\,\mathrm{cm}^2$ (2) $\dfrac{250}{3}\pi\,\mathrm{cm}^3$

(1) (겉넓이)$=\dfrac{1}{2}\times(\text{구의 겉넓이})+(\text{원의 넓이})$

$\qquad\quad=\dfrac{1}{2}\times(4\pi\times5^2)+\pi\times5^2$

$\qquad\quad=50\pi+25\pi=75\pi(\mathrm{cm}^2)$

(2) (부피)$=\dfrac{1}{2}\times(\text{구의 부피})=\dfrac{1}{2}\times\left(\dfrac{4}{3}\pi\times5^3\right)=\dfrac{250}{3}\pi(\mathrm{cm}^3)$

076 답 (1) $12\pi\,\mathrm{cm}^2$ (2) $\dfrac{16}{3}\pi\,\mathrm{cm}^3$

(1) (겉넓이)$=\dfrac{1}{2}\times(\text{구의 겉넓이})+(\text{원의 넓이})$

$\qquad\quad=\dfrac{1}{2}\times(4\pi\times2^2)+\pi\times2^2$

$\qquad\quad=8\pi+4\pi=12\pi(\mathrm{cm}^2)$

(2) (부피)$=\dfrac{1}{2}\times(\text{구의 부피})=\dfrac{1}{2}\times\left(\dfrac{4}{3}\pi\times2^3\right)=\dfrac{16}{3}\pi(\mathrm{cm}^3)$

077 답 (1) 16π, 4π, 16π (2) 2, 8π

078 답 $144\pi \text{ cm}^2$, $216\pi \text{ cm}^3$

(겉넓이)$=\dfrac{3}{4}\times$(구의 겉넓이)$+2\times\left\{\dfrac{1}{2}\times(\text{원의 넓이})\right\}$

$\qquad\quad=\dfrac{3}{4}\times(4\pi\times6^2)+2\times\left(\dfrac{1}{2}\times\pi\times6^2\right)$

$\qquad\quad=108\pi+36\pi$

$\qquad\quad=144\pi(\text{cm}^2)$

(부피)$=\dfrac{3}{4}\times$(구의 부피)

$\qquad\quad=\dfrac{3}{4}\times\left(\dfrac{4}{3}\pi\times6^3\right)$

$\qquad\quad=216\pi(\text{cm}^3)$

079 답 $68\pi \text{ cm}^2$, $\dfrac{224}{3}\pi \text{ cm}^3$

(겉넓이)$=\dfrac{7}{8}\times$(구의 겉넓이)$+3\times\left\{\dfrac{1}{4}\times(\text{원의 넓이})\right\}$

$\qquad\quad=\dfrac{7}{8}\times(4\pi\times4^2)+3\times\left(\dfrac{1}{4}\times\pi\times4^2\right)$

$\qquad\quad=56\pi+12\pi$

$\qquad\quad=68\pi(\text{cm}^2)$

(부피)$=\dfrac{7}{8}\times$(구의 부피)

$\qquad\quad=\dfrac{7}{8}\times\left(\dfrac{4}{3}\pi\times4^3\right)$

$\qquad\quad=\dfrac{224}{3}\pi(\text{cm}^3)$

080 답 (1) $\dfrac{16}{3}\pi \text{ cm}^3$ (2) $12\pi \text{ cm}^3$ (3) $\dfrac{52}{3}\pi \text{ cm}^3$

(1) (부피)$=\dfrac{1}{2}\times\left(\dfrac{4}{3}\pi\times2^3\right)=\dfrac{16}{3}\pi(\text{cm}^3)$

(2) (부피)$=(\pi\times2^2)\times3=12\pi(\text{cm}^3)$

(3) (부피)$=\dfrac{16}{3}\pi+12\pi=\dfrac{52}{3}\pi(\text{cm}^3)$

081 답 (1) $18\pi \text{ cm}^3$ (2) $12\pi \text{ cm}^3$ (3) $30\pi \text{ cm}^3$

(1) (부피)$=\dfrac{1}{2}\times\left(\dfrac{4}{3}\pi\times3^3\right)=18\pi(\text{cm}^3)$

(2) (부피)$=\dfrac{1}{3}\times(\pi\times3^2)\times4=12\pi(\text{cm}^3)$

(3) (부피)$=18\pi+12\pi=30\pi(\text{cm}^3)$

082 답 (1) $18\pi \text{ cm}^3$ (2) $36\pi \text{ cm}^3$ (3) $54\pi \text{ cm}^3$ (4) $1:2:3$

(1) (부피)$=\dfrac{1}{3}\times(\pi\times3^2)\times6=18\pi(\text{cm}^3)$

(2) (부피)$=\dfrac{4}{3}\pi\times3^3=36\pi(\text{cm}^3)$

(3) (부피)$=(\pi\times3^2)\times6=54\pi(\text{cm}^3)$

(4) (원뿔의 부피) : (구의 부피) : (원기둥의 부피)

$\qquad=18\pi:36\pi:54\pi$

$\qquad=1:2:3$

참고 주어진 그림과 같이 원기둥에 구와 원뿔이 꼭 맞게 들어갈 때, 원뿔, 구, 원기둥의 부피의 비는 항상 $1:2:3$이다.

1 (1) 밑넓이: 26 cm^2, 옆넓이: 154 cm^2, 겉넓이: 206 cm^2

　(2) 밑넓이: $9\pi \text{ cm}^2$, 옆넓이: $48\pi \text{ cm}^2$, 겉넓이: $66\pi \text{ cm}^2$

2 (1) 밑넓이: 24 cm^2, 높이: 10 cm, 부피: 240 cm^3

　(2) 밑넓이: 20 cm^2, 높이: 6 cm, 부피: 120 cm^3

　(3) 밑넓이: $16\pi \text{ cm}^2$, 높이: 8 cm, 부피: $128\pi \text{ cm}^3$

3 그림은 풀이 참조

　(1) $15\pi \text{ cm}^2$ (2) $(50\pi+120) \text{ cm}^2$ (3) $(80\pi+120) \text{ cm}^2$

　(4) $150\pi \text{ cm}^3$

4 (1) $(35-4\pi) \text{ cm}^2$ (2) 120 cm^2 (3) $20\pi \text{ cm}^2$

　(4) $(190+12\pi) \text{ cm}^2$

5 (1) 384 cm^3 (2) 24 cm^3 (3) 360 cm^3

6 (1) 밑넓이: 16 cm^2, 옆넓이: 48 cm^2, 겉넓이: 64 cm^2

　(2) 밑넓이: $81\pi \text{ cm}^2$, 옆넓이: $108\pi \text{ cm}^2$, 겉넓이: $189\pi \text{ cm}^2$

7 (1) 밑넓이: 24 cm^2, 높이: 6 cm, 부피: 48 cm^3

　(2) 밑넓이: $16\pi \text{ cm}^2$, 높이: 9 cm, 부피: $48\pi \text{ cm}^3$

8 (1) 두 밑넓이의 합: 52 cm^2, 옆넓이: 100 cm^2, 겉넓이: 152 cm^2

　(2) 두 밑넓이의 합: $29\pi \text{ cm}^2$, 옆넓이: $42\pi \text{ cm}^2$,

　　겉넓이: $71\pi \text{ cm}^2$

9 (1) 큰 사각뿔의 부피: 96 cm^3, 작은 사각뿔의 부피: 12 cm^3,

　　사각뿔대의 부피: 84 cm^3

　(2) 큰 원뿔의 부피: $256\pi \text{ cm}^3$, 작은 원뿔의 부피: $32\pi \text{ cm}^3$,

　　원뿔대의 부피: $224\pi \text{ cm}^3$

10 (1) $144\pi \text{ cm}^2$, $288\pi \text{ cm}^3$ (2) $100\pi \text{ cm}^2$, $\dfrac{500}{3}\pi \text{ cm}^3$

11 (1) $48\pi \text{ cm}^2$, $\dfrac{128}{3}\pi \text{ cm}^3$ (2) $36\pi \text{ cm}^2$, $27\pi \text{ cm}^3$

12 (1) $18\pi \text{ cm}^3$ (2) $36\pi \text{ cm}^3$ (3) $72\pi \text{ cm}^3$

1 (1) (밑넓이)$=\dfrac{1}{2}\times(5+8)\times4=26(\text{cm}^2)$

　　(옆넓이)$=(5+5+8+4)\times7=154(\text{cm}^2)$

　　$\therefore$ (겉넓이)$=$(밑넓이)$\times2+$(옆넓이)

　　$\qquad\qquad\quad=26\times2+154=206(\text{cm}^2)$

(2) (밑넓이)$=\pi\times3^2=9\pi(\text{cm}^2)$

　　(옆넓이)$=(2\pi\times3)\times8=48\pi(\text{cm}^2)$

　　$\therefore$ (겉넓이)$=$(밑넓이)$\times2+$(옆넓이)

　　$\qquad\qquad\quad=9\pi\times2+48\pi=66\pi(\text{cm}^2)$

2 (1) (밑넓이)$=\dfrac{1}{2}\times8\times6=24(\text{cm}^2)$

　　(높이)$=10 \text{ cm}$

　　$\therefore$ (부피)$=$(밑넓이)$\times$(높이)$=24\times10=240(\text{cm}^3)$

(2) (밑넓이)$=5\times4=20(\text{cm}^2)$

　　(높이)$=6 \text{ cm}$

　　$\therefore$ (부피)$=$(밑넓이)$\times$(높이)$=20\times6=120(\text{cm}^3)$

(3) (밑넓이)$=\pi\times4^2=16\pi(\text{cm}^2)$

　　(높이)$=8 \text{ cm}$

　　$\therefore$ (부피)$=$(밑넓이)$\times$(높이)$=16\pi\times8=128\pi(\text{cm}^3)$

3

$(\text{밑면인 부채꼴의 호의 길이})=2\pi\times6\times\dfrac{150}{360}=5\pi(\text{cm})$

(1) $(\text{밑넓이})=\pi\times6^2\times\dfrac{150}{360}=15\pi(\text{cm}^2)$

(2) $(\text{옆면의 가로의 길이})=6+5\pi+6=5\pi+12(\text{cm})$

$\therefore\ (\text{옆넓이})=(5\pi+12)\times10=50\pi+120(\text{cm}^2)$

(3) $(\text{겉넓이})=(\text{밑넓이})\times2+(\text{옆넓이})$

$\qquad=15\pi\times2+(50\pi+120)=80\pi+120(\text{cm}^2)$

(4) $(\text{부피})=(\text{밑넓이})\times(\text{높이})$

$\qquad=15\pi\times10=150\pi(\text{cm}^3)$

4 (1) $(\text{밑넓이})=7\times5-\pi\times2^2=35-4\pi(\text{cm}^2)$

(2) $(\text{바깥쪽의 옆넓이})=(7+5+7+5)\times5=120(\text{cm}^2)$

(3) $(\text{안쪽의 옆넓이})=(2\pi\times2)\times5=20\pi(\text{cm}^2)$

(4) $(\text{겉넓이})=(\text{밑넓이})\times2+(\text{바깥쪽의 옆넓이})+(\text{안쪽의 옆넓이})$

$\qquad=(35-4\pi)\times2+120+20\pi$

$\qquad=190+12\pi(\text{cm}^2)$

5 (1) $(\text{밑넓이})=8\times8=64(\text{cm}^2)$

$\therefore\ (\text{큰 사각기둥의 부피})=(\text{밑넓이})\times(\text{높이})$

$\qquad\qquad\qquad\qquad=64\times6=384(\text{cm}^3)$

(2) $(\text{밑넓이})=\dfrac{1}{2}\times4\times2=4(\text{cm}^2)$

$\therefore\ (\text{작은 삼각기둥의 부피})=(\text{밑넓이})\times(\text{높이})$

$\qquad\qquad\qquad\qquad\quad=4\times6=24(\text{cm}^3)$

(3) (구멍이 뚫린 사각기둥의 부피)

$\quad=(\text{큰 사각기둥의 부피})-(\text{작은 삼각기둥의 부피})$

$\quad=384-24=360(\text{cm}^3)$

6 (1) $(\text{밑넓이})=4\times4=16(\text{cm}^2)$

$(\text{옆넓이})=\left(\dfrac{1}{2}\times4\times6\right)\times4=48(\text{cm}^2)$

$\therefore\ (\text{겉넓이})=(\text{밑넓이})+(\text{옆넓이})$

$\qquad\qquad=16+48=64(\text{cm}^2)$

(2) $(\text{밑넓이})=\pi\times9^2=81\pi(\text{cm}^2)$

$(\text{옆넓이})=\dfrac{1}{2}\times12\times(2\pi\times9)=108\pi(\text{cm}^2)$

$\therefore\ (\text{겉넓이})=(\text{밑넓이})+(\text{옆넓이})$

$\qquad\qquad=81\pi+108\pi=189\pi(\text{cm}^2)$

7 (1) $(\text{밑넓이})=\dfrac{1}{2}\times6\times8=24(\text{cm}^2)$

$(\text{높이})=6\,\text{cm}$

$(\text{부피})=\dfrac{1}{3}\times(\text{밑넓이})\times(\text{높이})$

$\qquad=\dfrac{1}{3}\times24\times6=48(\text{cm}^3)$

(2) $(\text{밑넓이})=\pi\times4^2=16\pi(\text{cm}^2)$

$(\text{높이})=9\,\text{cm}$

$\therefore\ (\text{부피})=\dfrac{1}{3}\times(\text{밑넓이})\times(\text{높이})$

$\qquad\qquad=\dfrac{1}{3}\times16\pi\times9=48\pi(\text{cm}^3)$

8 (1) $(\text{두 밑넓이의 합})=4\times4+6\times6$

$\qquad\qquad\qquad\quad=16+36=52(\text{cm}^2)$

$(\text{옆넓이})=\left\{\dfrac{1}{2}\times(4+6)\times5\right\}\times4=100(\text{cm}^2)$

$\therefore\ (\text{겉넓이})=(\text{두 밑넓이의 합})+(\text{옆넓이})$

$\qquad\qquad=52+100=152(\text{cm}^2)$

(2) $(\text{두 밑넓이의 합})=\pi\times2^2+\pi\times5^2$

$\qquad\qquad\qquad\quad=4\pi+25\pi=29\pi(\text{cm}^2)$

$(\text{옆넓이})=\dfrac{1}{2}\times(4+6)\times(2\pi\times5)-\dfrac{1}{2}\times4\times(2\pi\times2)$

$\qquad\quad=50\pi-8\pi=42\pi(\text{cm}^2)$

$\therefore\ (\text{겉넓이})=(\text{두 밑넓이의 합})+(\text{옆넓이})$

$\qquad\qquad=29\pi+42\pi=71\pi(\text{cm}^2)$

9 (1) $(\text{큰 사각뿔의 부피})=\dfrac{1}{3}\times(6\times6)\times(4+4)=96(\text{cm}^3)$

$(\text{작은 사각뿔의 부피})=\dfrac{1}{3}\times(3\times3)\times4=12(\text{cm}^3)$

$\therefore\ (\text{사각뿔대의 부피})=(\text{큰 사각뿔의 부피})-(\text{작은 사각뿔의 부피})$

$\qquad\qquad\qquad\quad=96-12=84(\text{cm}^3)$

(2) $(\text{큰 원뿔의 부피})=\dfrac{1}{3}\times(\pi\times8^2)\times(6+6)=256\pi(\text{cm}^3)$

$(\text{작은 원뿔의 부피})=\dfrac{1}{3}\times(\pi\times4^2)\times6=32\pi(\text{cm}^3)$

$\therefore\ (\text{원뿔대의 부피})=(\text{큰 원뿔의 부피})-(\text{작은 원뿔의 부피})$

$\qquad\qquad\qquad\quad=256\pi-32\pi=224\pi(\text{cm}^3)$

10 (1) $(\text{겉넓이})=4\pi\times6^2=144\pi(\text{cm}^2)$

$(\text{부피})=\dfrac{4}{3}\pi\times6^3=288\pi(\text{cm}^3)$

(2) $(\text{겉넓이})=4\pi\times5^2=100\pi(\text{cm}^2)$

$(\text{부피})=\dfrac{4}{3}\pi\times5^3=\dfrac{500}{3}\pi(\text{cm}^3)$

11 (1) $(\text{겉넓이})=\dfrac{1}{2}\times(\text{구의 겉넓이})+(\text{원의 넓이})$

$\qquad\qquad=\dfrac{1}{2}\times(4\pi\times4^2)+\pi\times4^2=48\pi(\text{cm}^2)$

$(\text{부피})=\dfrac{1}{2}\times(\text{구의 부피})$

$\qquad=\dfrac{1}{2}\times\left(\dfrac{4}{3}\pi\times4^3\right)=\dfrac{128}{3}\pi(\text{cm}^3)$

(2) $(겉넓이)=\dfrac{3}{4}×(구의 겉넓이)+2×\left\{\dfrac{1}{2}×(원의 넓이)\right\}$

$=\dfrac{3}{4}×(4\pi×3^2)+2×\left(\dfrac{1}{2}×\pi×3^2\right)$

$=27\pi+9\pi=36\pi(cm^2)$

$(부피)=\dfrac{3}{4}×(구의 부피)$

$=\dfrac{3}{4}×\left(\dfrac{4}{3}\pi×3^3\right)=27\pi(cm^3)$

12 (1) $(반구의 부피)=\dfrac{1}{2}×\left(\dfrac{4}{3}\pi×3^3\right)=18\pi(cm^3)$

(2) $(원기둥의 부피)=(\pi×3^2)×4=36\pi(cm^3)$

(3) $(부피)=(반구의 부피)×2+(원기둥의 부피)$

$=18\pi×2+36\pi=72\pi(cm^3)$

학교 시험 문제 × 확인하기   138~139쪽

1 ②	**2** $128\pi\,cm^2$	**3** $126\,cm^3$	**4** ④	**5** ④
6 $(170+10\pi)\,cm^2,\ (150-6\pi)\,cm^3$			**7** ③	
8 ④	**9** ②	**10** $135\,cm^2$	**11** $64\pi\,cm^2$	
12 ①	**13** $4\,cm$	**14** ③		

1 $(밑넓이)=\dfrac{1}{2}×8×3=12(cm^2)$

$(옆넓이)=(8+5+5)×h=18h(cm^2)$

$\therefore (겉넓이)=(밑넓이)×2+(옆넓이)$

$=12×2+18h=24+18h(cm^2)$

이때 삼각기둥의 겉넓이가 $132\,cm^2$이므로

$24+18h=132,\ 18h=108$ $\therefore h=6$

2 밑면인 원의 반지름의 길이를 $r\,cm$라 하면

$2\pi×r=8\pi$ $\therefore r=4$

즉, 밑면인 원의 반지름의 길이는 $4\,cm$이므로

$(밑넓이)=\pi×4^2=16\pi(cm^2)$

$(옆넓이)=8\pi×12=96\pi(cm^2)$

$\therefore (겉넓이)=(밑넓이)×2+(옆넓이)$

$=16\pi×2+96\pi=128\pi(cm^2)$

3 $(밑넓이)=\dfrac{1}{2}×(3+6)×4=18(cm^2)$

$\therefore (부피)=(밑넓이)×(높이)=18×7=126(cm^3)$

4 $(밑넓이)=\pi×3^2=9\pi(cm^2)$

원기둥의 높이를 $h\,cm$라 하면 부피가 $72\pi\,cm^3$이므로

$9\pi×h=72\pi$ $\therefore h=8$

따라서 원기둥의 높이는 $8\,cm$이다.

5 $(밑넓이)=\pi×6^2×\dfrac{120}{360}=12\pi(cm^2)$

$(옆면의 가로의 길이)=6+6+\left(2\pi×6×\dfrac{120}{360}\right)$

$=12+4\pi(cm)$

$(옆넓이)=(12+4\pi)×10=120+40\pi(cm^2)$

$\therefore (겉넓이)=(밑넓이)×2+(옆넓이)$

$=12\pi×2+(120+40\pi)=64\pi+120(cm^2)$

$(부피)=(밑넓이)×(높이)$

$=12\pi×10=120\pi(cm^3)$

6 $(밑넓이)=5×5-\pi×1^2=25-\pi(cm^2)$

$(바깥쪽의 옆넓이)=(5+5+5+5)×6=120(cm^2)$

$(안쪽의 옆넓이)=(2\pi×1)×6=12\pi(cm^2)$

$\therefore (겉넓이)=(밑넓이)×2+(바깥쪽의 옆넓이)+(안쪽의 옆넓이)$

$=(25-\pi)×2+120+12\pi$

$=170+10\pi(cm^2)$

$(사각기둥의 부피)=(5×5)×6=150(cm^3)$

$(원기둥의 부피)=(\pi×1^2)×6=6\pi(cm^3)$

$\therefore (부피)=(사각기둥의 부피)-(원기둥의 부피)=150-6\pi(cm^3)$

 $(부피)=(밑넓이)×(높이)$

$=(25-\pi)×6=150-6\pi(cm^3)$

7 옆면인 부채꼴의 호의 길이는 $2\pi×10×\dfrac{144}{360}=8\pi(cm)$이므로

밑면인 원의 반지름의 길이를 $r\,cm$라 하면

$2\pi×r=8\pi$ $\therefore r=4$

즉, 밑면인 원의 반지름의 길이는 $4\,cm$이므로

$(밑넓이)=\pi×4^2=16\pi(cm^2)$

$(옆넓이)=\dfrac{1}{2}×10×8\pi=40\pi(cm^2)$

$\therefore (겉넓이)=(밑넓이)+(옆넓이)$

$=16\pi+40\pi=56\pi(cm^2)$

8 $(\triangle ABC의 넓이)=\dfrac{1}{2}×3×3=\dfrac{9}{2}(cm^2)$이므로

$(잘라 낸 삼각뿔의 부피)=\dfrac{1}{3}×\dfrac{9}{2}×3=\dfrac{9}{2}(cm^3)$

$(정육면체의 부피)=3×3×3=27(cm^3)$이므로

$(구하는 입체도형의 부피)=27-\dfrac{9}{2}=\dfrac{45}{2}(cm^3)$

9 주어진 평면도형을 직선 l을 회전축으로 하여 1회전 시킬 때 생기는 입체도형은 오른쪽 그림과 같은 원뿔이다.

$\therefore (부피)=\dfrac{1}{3}×(밑넓이)×(높이)$

$=\dfrac{1}{3}×(\pi×8^2)×15=320\pi(cm^3)$

10 $(두 밑넓이의 합)=3×3+6×6$

$=9+36=45(cm^2)$

$(옆넓이)=\left\{\dfrac{1}{2}×(3+6)×5\right\}×4=90(cm^2)$

$\therefore (겉넓이)=(두 밑넓이의 합)+(옆넓이)$

$=45+90=135(cm^2)$

11 $(겉넓이)=\dfrac{3}{4}\times(구의\ 겉넓이)+2\times\left\{\dfrac{1}{2}\times(원의\ 넓이)\right\}$

$\qquad\quad=\dfrac{3}{4}\times(4\pi\times4^2)+2\times\left(\dfrac{1}{2}\times\pi\times4^2\right)$

$\qquad\quad=48\pi+16\pi=64\pi(cm^2)$

12 $(부피)=\dfrac{7}{8}\times(구의\ 부피)$

$\qquad\quad=\dfrac{7}{8}\times\left(\dfrac{4}{3}\pi\times3^3\right)=\dfrac{63}{2}\pi(cm^3)$

13 원뿔의 높이를 $h\,cm$라 하면

$(원뿔의\ 부피)=\dfrac{1}{3}\times(\pi\times8^2)\times h=\dfrac{64}{3}\pi h(cm^3)$

$(구의\ 부피)=\dfrac{4}{3}\pi\times4^3=\dfrac{256}{3}\pi(cm^3)$

원뿔의 부피와 구의 부피가 서로 같으므로

$\dfrac{64}{3}\pi h=\dfrac{256}{3}\pi\qquad\therefore h=4$

따라서 원뿔의 높이는 $4\,cm$이다.

14 $(구의\ 부피)=\dfrac{4}{3}\pi\times5^3=\dfrac{500}{3}\pi(cm^3)$

$(원기둥의\ 부피)=(\pi\times5^2)\times10=250\pi(cm^3)$

$\therefore (구의\ 부피):(원기둥의\ 부피)=\dfrac{500}{3}\pi:250\pi=2:3$

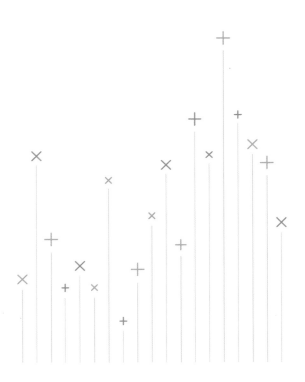

---

8 자료의 정리와 해석

142~160쪽

001 답

컴퓨터 사용 시간	(2|2는 22분)				
줄기	**잎**				
2	2	4	8		
3	2	4	5	7	
4	3	3	3	6	8 9
5	1	1	3	7	9
6	0	1			

002 답

수행평가 점수	(3|0은 30점)				
줄기	**잎**				
3	0	3	4	5	8
4	2	3	3	3	6 8 9
5	1	2	2	4	7 9
6	0	1	2	5	
7	4	7			

003 답 **20명**

$3+4+7+6=20(명)$

004 답 **0**

005 답 **2, 3, 5, 7**

006 답 **5명**

28권, 29권, 29권, 30권, 30권의 5명이다.

007 답 **24명**

$4+9+7+4=24(명)$

008 답 **3명**

009 답 **34회**

윗몸일으키기 기록이 가장 높은 학생의 기록은 46회, 가장 낮은 학생의 기록은 12회이므로 구하는 기록의 차는

$46-12=34(회)$

010 답 **6번째**

기록이 높은 학생의 기록부터 차례로 나열하면

46회, 45회, 44회, 43회, 36회, 35회, …

따라서 기록이 35회인 학생은 윗몸일으키기를 6번째로 많이 했다.

011 답

턱걸이 기록(회)	도수(명)	
$0^{이상} \sim 5^{미만}$	//	2
5 ~ 10	//// //	7
10 ~ 15	//// ///	8
15 ~ 20	///	3
합계		20

012 답

봉사 활동 시간(시간)	도수(명)	
$0^{이상} \sim 4^{미만}$	//	2
4 ~ 8	//// ////	9
8 ~ 12	//// //// /	11
12 ~ 16	////	4
16 ~ 20	////	4
합계		30

013 답 **10 m**

$20-10=30-20=40-30=50-40=10(m)$

014 답 **4**

015 답 **30 m 이상 40 m 미만**

016 답 **6명**

기록이 28 m인 학생이 속하는 계급은 20 m 이상 30 m 미만이므로
이 계급의 도수는 6명이다.

017 답 **16명**

$12+4=16$(명)

018 답 **20세**

$20-0=40-20=60-40=80-60=100-80=20$(세)

019 답 **5**

020 답 **20명**

$3+5+6+4+2=20$(명)

021 답 **10명**

나이가 40세 이상 60세 미만인 주민: 6명
나이가 60세 이상 80세 미만인 주민: 4명
따라서 나이가 40세 이상 80세 미만인 주민은
$6+4=10$(명)

022 답 **60세 이상 80세 미만**

나이가 많은 계급부터 차례로 도수를 구하면
80세 이상 100세 미만: 2명 ← 1번째~2번째
60세 이상 80세 미만: 4명 ← 3번째~6번째
따라서 나이가 5번째로 많은 주민이 속하는 계급은 60세 이상 80세
미만이다.

023 답 **2시간, 5**

$2-0=4-2=6-4=8-6=10-8=2$(시간)

024 답 **4**

$9+8+A+3+1=25$에서
$A=25-(9+8+3+1)=4$

025 답 **2시간 이상 4시간 미만**

026 답 **8명**

4시간 이상 6시간 미만인 학생: 4명
6시간 이상 8시간 미만인 학생: 3명
8시간 이상 10시간 미만인 학생: 1명
따라서 인터넷 사용 시간이 4시간 이상인 학생은
$4+3+1=8$(명)

027 답 **4시간 이상 6시간 미만**

인터넷 사용 시간이 많은 계급부터 차례로 도수를 구하면
8시간 이상 10시간 미만: 1명 ← 1번째
6시간 이상 8시간 미만: 3명 ← 2번째~4번째
4시간 이상 6시간 미만: 4명 ← 5번째~8번째
따라서 인터넷 사용 시간이 7번째로 많은 학생이 속하는 계급은 4시
간 이상 6시간 미만이다.

028 답 **10점, 5**

$60-50=70-60=80-70=90-80=100-90=10$(점)

029 답 **2**

$4+6+8+4+A=24$에서
$A=24-(4+6+8+4)=2$

030 답 **8명**

031 답 **6명**

$4+2=6$(명)

032 답 **70점 이상 80점 미만**

영어 성적이 낮은 계급부터 차례로 도수를 구하면
50점 이상 60점 미만: 4명 ← 1번째~4번째
60점 이상 70점 미만: 6명 ← 5번째~10번째
70점 이상 80점 미만: 8명 ← 11번째~18번째
따라서 영어 성적이 낮은 쪽에서 11번째인 학생이 속하는 계급은 70
점 이상 80점 미만이다.

033 답 **30명**

$7+8+9+4+2=30$(명)

034 답 **9명**

035 답 **30 %**

$\dfrac{9}{30} \times 100 = 30(\%)$

036 답 **6명**

운동 시간이 15시간 이상 20시간 미만인 학생: 4명
운동 시간이 20시간 이상 25시간 미만인 학생: 2명
따라서 운동 시간이 15시간 이상인 학생은
$4+2=6$(명)

037 답 **20 %**

$\dfrac{6}{30} \times 100 = 20(\%)$

038 답 **7명**

$35-(3+11+14)=7$(명)

039 답 **20 %**

$\dfrac{7}{35} \times 100 = 20(\%)$

040 답 **14명**

$3+11=14$(명)

041 답 **40 %**

$\dfrac{14}{35} \times 100 = 40(\%)$

042 답 **20 %**

미세 먼지 농도가 $60\,\mu\mathrm{g/m^3}$ 이상 $80\,\mu\mathrm{g/m^3}$ 미만인 날수는
$30-(2+16+6+2)=4$(일)이므로
미세 먼지 농도가 $60\,\mu\mathrm{g/m^3}$ 이상인 날수는 $4+2=6$(일)이다.
$\therefore \dfrac{6}{30} \times 100 = 20(\%)$

043 답

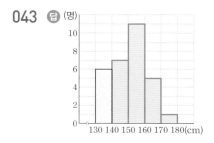

044 답

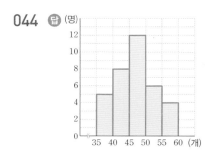

045 답 **5 cm, 6**

$65-60=70-65=\cdots=90-85=5(\mathrm{cm})$

046 답 **70 cm 이상 75 cm 미만**

047 답 **40명**

$2+5+13+10+8+2=40$(명)

048 답 **8명**

049 답 **17.5 %**

가슴둘레가 70 cm 미만인 학생은 $2+5=7$(명)이므로
$\dfrac{7}{40} \times 100 = 17.5(\%)$

050 답 **10분, 6**

$20-10=30-20=40-30=50-40=60-50=70-60=10$(분)

051 답 **50명**

$2+8+12+14+10+4=50$(명)

052 답 **28 %**

$\dfrac{14}{50} \times 100 = 28(\%)$

053 답 **10명**

음악을 들은 시간이 많은 계급부터 차례로 도수를 구하면
60분 이상 70분 미만: 4명   ←1번째~4번째
50분 이상 60분 미만: 10명   ←5번째~14번째
따라서 음악을 9번째로 많이 들은 학생이 속하는 계급은 50분 이상
60분 미만이고, 이 계급의 도수는 10명이다.

054 답 **500**

(모든 직사각형의 넓이의 합)=(계급의 크기)×(도수의 총합)
$\qquad\qquad\qquad\quad =10 \times 50$
$\qquad\qquad\qquad\quad =500$

055 답 **2시간, 5**

$4-2=6-4=8-6=10-8=12-10=2$(시간)

056 답 **25명**

$2+5+10+6+2=25$(명)

057 답 **10명**

058 답 **5명**

수학 공부 시간이 적은 계급부터 차례로 도수를 구하면
2시간 이상 4시간 미만: 2명   ←1번째~2번째
4시간 이상 6시간 미만: 5명   ←3번째~7번째
따라서 수학 공부 시간이 5번째로 적은 학생이 속하는 계급은 4시간
이상 6시간 미만이고, 이 계급의 도수는 5명이다.

059 답 **50**

(모든 직사각형의 넓이의 합)＝(계급의 크기)×(도수의 총합)
$$＝2×25$$
$$＝50$$

060 답 **12, 7, 7, 20**

061 답 **45%**

안타 수가 2개 이상 4개 미만인 학생은
$20-(5+3+2+1)=9$(명)이므로
$$\frac{9}{20}×100=45(\%)$$

062 답 **40%**

필기구 수가 9개 이상 12개 미만인 학생은
$20-(3+4+4+1)=8$(명)이므로
$$\frac{8}{20}×100=40(\%)$$

063 답

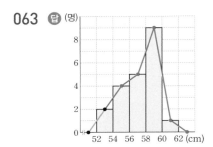

064 답

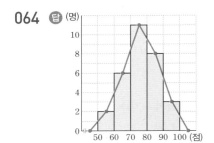

065 답 **2초, 4**

$18-16=20-18=22-20=24-22=2$(초)

066 답 **30명**

$7+12+8+3=30$(명)

067 답 **20초 이상 22초 미만**

068 답 **18초 이상 20초 미만**

100 m 달리기 기록이 빠른 계급부터 차례로 도수를 구하면
16초 이상 18초 미만: 7명　←1번째~7번째
18초 이상 20초 미만: 12명　←8번째~19번째
따라서 100 m 달리기 기록이 9번째로 빠른 학생이 속하는 계급은
18초 이상 20초 미만이다.

069 답 **1시간, 6**

$6-5=7-6=8-7=9-8=10-9=11-10=1$(시간)

070 답 **8시간 이상 9시간 미만**

071 답 **30명**

$1+2+8+11+5+3=30$(명)

072 답 **10%**

수면 시간이 5시간 이상 6시간 미만인 학생: 1명
수면 시간이 6시간 이상 7시간 미만인 학생: 2명
따라서 수면 시간이 7시간 미만인 학생은 $1+2=3$(명)이므로
$$\frac{3}{30}×100=10(\%)$$

073 답 **11명**

수면 시간이 긴 계급부터 차례로 도수를 구하면
10시간 이상 11시간 미만: 3명　←1번째~3번째
9시간 이상 10시간 미만: 5명　←4번째~8번째
8시간 이상 9시간 미만: 11명　←9번째~19번째
따라서 수면 시간이 10번째로 긴 학생이 속하는 계급은 8시간 이상
9시간 미만이고, 이 계급의 도수는 11명이다.

074 답 **10, 6, 300**

075 답 **136**

(도수분포다각형과 가로축으로 둘러싸인 부분의 넓이)
＝(계급의 크기)×(도수의 총합)
$$＝4×(4+9+11+7+3)$$
$$＝136$$

076 답 **12명**

$30-(2+3+7+6)=12$(명)

077 답 **60%**

걸리는 시간이 4시간 이상인 학생은 $12+6=18$(명)이므로
$$\frac{18}{30}×100=60(\%)$$

078 답 **12명**

$40-(4+8+8+6+2)=12$(명)

079 답 **50%**

점수가 70점 이상인 학생은 $12+6+2=20$(명)이므로
$$\frac{20}{40}×100=50(\%)$$

080 답 ○

중학생에 대한 그래프가 고등학생에 대한 그래프보다 전체적으로 오른쪽으로 치우쳐 있으므로 중학생이 고등학생보다 취미 생활 시간이 많은 편이라고 할 수 있다.

081 답 ×

중학생: $4+10+12+16+14+8=64$(명)
고등학생: $6+12+10+6+2+2=38$(명)
따라서 중학생의 수와 고등학생의 수는 다르다.

082 답 ○

2시간 이상 3시간 미만인 계급의 중학생은 10명, 고등학생은 12명이므로 고등학생이 중학생보다 많다.

083 답 ○

계급의 크기는 같고 도수의 총합은 다르므로 각각의 그래프와 가로축으로 둘러싸인 부분의 넓이는 서로 다르다.

084 답 ×

취미 생활 시간이 가장 많은 학생은 알 수 없다.

085 답

몸무게(kg)	도수(명)	상대도수
$60^{이상} \sim 64^{미만}$	2	$\dfrac{2}{40}=0.05$
64 ~ 68	6	$\dfrac{6}{40}=\boxed{0.15}$
68 ~ 72	14	$\dfrac{14}{40}=\boxed{0.35}$
72 ~ 76	8	$\dfrac{8}{40}=\boxed{0.2}$
76 ~ 80	6	$\dfrac{6}{40}=\boxed{0.15}$
80 ~ 84	4	$\dfrac{4}{40}=\boxed{0.1}$
합계	40	$\boxed{1}$

086 답

윗몸일으키기 기록(회)	도수(명)	상대도수
$5^{이상} \sim 10^{미만}$	3	0.1
10 ~ 15	9	0.3
15 ~ 20	12	0.4
20 ~ 25	6	0.2
합계	30	1

087 답

TV 시청 시간(시간)	도수(명)	상대도수
$2^{이상} \sim 4^{미만}$	15	0.1
4 ~ 6	18	0.12
6 ~ 8	30	0.2
8 ~ 10	75	0.5
10 ~ 12	9	0.06
12 ~ 14	3	0.02
합계	150	1

088 답 0.2, 30

089 답 20명

$\dfrac{8}{0.4}=20$(명)

090 답

상영 시간(분)	도수(편)	상대도수
$60^{이상} \sim 80^{미만}$	$50 \times 0.06=3$	0.06
80 ~ 100	$50 \times 0.14=7$	0.14
100 ~ 120	$50 \times 0.24=12$	0.24
120 ~ 140	$50 \times 0.32=16$	0.32
140 ~ 160	$50 \times 0.18=9$	0.18
160 ~ 180	$50 \times 0.06=3$	0.06
합계	50	1

091 답 38명

$200 \times 0.19=38$(명)

092 답 0.2

$A=\dfrac{6}{30}=0.2$

093 답 9

$B=30 \times 0.3=9$

094 답 3

$3+6+9+9+C=30$에서
$C=30-(3+6+9+9)=3$

095 답 20 %

$0.2 \times 100=20(\%)$

096 답 60 %

최고 기온이 16 ℃ 이상 19 ℃ 미만, 19 ℃ 이상 22 ℃ 미만인 계급의 상대도수의 합은
$0.3+0.3=0.6$
따라서 최고 기온이 16 ℃ 이상 22 ℃ 미만인 날은 전체의
$0.6 \times 100=60(\%)$

097 답 20명

$\dfrac{2}{0.1}=20$(명)

098 답 $A=1$, $B=5$, $C=3$, $D=0.15$

$A=$(상대도수의 총합)$=1$

$B=20\times0.25=5$

$C=20-(1+5+6+3+2)=3$

$D=\dfrac{3}{20}=0.15$

099 답 0.3

도수가 가장 큰 계급은 10회 이상 15회 미만이므로 상대도수는

$\dfrac{6}{20}=0.3$

100 답 0.15

등산 횟수가 많은 계급부터 차례로 도수를 구하면

25회 이상 30회 미만: 2명 ← 1번째~2번째

20회 이상 25회 미만: 3명 ← 3번째~5번째

15회 이상 20회 미만: 3명 ← 6번째~8번째

따라서 등산 횟수가 7번째로 많은 회원이 속하는 계급은 15회 이상 20회 미만이므로 상대도수는

$\dfrac{3}{20}=0.15$

101 답 10%

$0.1\times100=10(\%)$

102 답 50명

$\dfrac{9}{0.18}=50$(명)

103 답 $A=1$, $B=15$, $C=21$, $D=0.42$

$A=$(상대도수의 총합)$=1$

$B=50\times0.3=15$

$C=50-(15+9+4+1)=21$

$D=\dfrac{21}{50}=0.42$

104 답 0.02

등교하는 데 걸리는 시간이 48분인 학생이 속하는 계급은 40분 이상 50분 미만이므로 상대도수는

$\dfrac{1}{50}=0.02$

105 답 0.08

등교하는 데 걸리는 시간이 긴 계급부터 차례로 도수를 구하면

40분 이상 50분 미만: 1명 ← 1번째

30분 이상 40분 미만: 4명 ← 2번째~5번째

따라서 등교하는 데 걸리는 시간이 3번째로 긴 학생이 속하는 계급은 30분 이상 40분 미만이므로 상대도수는 $\dfrac{4}{50}=0.08$

106 답 48%

등교하는 데 걸리는 시간이 0분 이상 10분 미만, 10분 이상 20분 미만인 계급의 상대도수의 합은 $0.3+0.18=0.48$

따라서 등교하는 데 걸리는 시간이 20분 미만인 학생은 전체의

$0.48\times100=48(\%)$

107 답

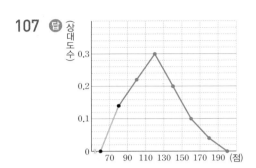

108 답

고구마 무게(g)	도수(개)	상대도수
$100^{\text{이상}} \sim 120^{\text{미만}}$	1	0.02
120 ~ 140	8	$\dfrac{8}{50}=0.16$
140 ~ 160	15	$\dfrac{15}{50}=0.3$
160 ~ 180	16	$\dfrac{16}{50}=0.32$
180 ~ 200	6	$\dfrac{6}{50}=0.12$
200 ~ 220	4	$\dfrac{4}{50}=0.08$
합계	50	1

↓

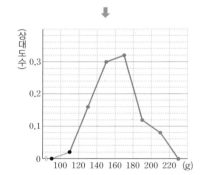

109 답 0.06

110 답 44명

입장 대기 시간이 30분 이상 40분 미만인 계급의 상대도수는 0.22이므로 이 계급의 도수는

$200\times0.22=44$(명)

111 답 72명

상대도수가 가장 큰 계급은 40분 이상 50분 미만이고, 이 계급의 상대도수는 0.36이므로 도수는

$200\times0.36=72$(명)

112 답 12 %

입장 대기 시간이 50분 이상 60분 미만인 계급의 상대도수는 0.12이므로 입장 대기 시간이 50분 이상 60분 미만인 관객은 전체의
$0.12 \times 100 = 12(\%)$

113 답 600

상대도수가 가장 큰 계급은 250 kWh 이상 300 kWh 미만이고, 이 계급의 상대도수는 0.32, 도수는 192가구이므로 전체 가구 수는
$\dfrac{192}{0.32} = 600$

114 답 48

전력 사용량이 100 kWh 이상 150 kWh 미만인 계급의 상대도수는 0.08이므로 이 계급의 가구 수는
$600 \times 0.08 = 48$

115 답 312

전력 사용량이 250 kWh 이상 300 kWh 미만, 300 kWh 이상 350 kWh 미만인 계급의 상대도수의 합은 $0.32 + 0.2 = 0.52$
따라서 전력 사용량이 250 kWh 이상인 가구 수는
$600 \times 0.52 = 312$

116 답 14 %

전력 사용량이 0 kWh 이상 50 kWh 미만, 50 kWh 이상 100 kWh 미만, 100 kWh 이상 150 kWh 미만인 계급의 상대도수의 합은 $0.02 + 0.04 + 0.08 = 0.14$
따라서 전력 사용량이 150 kWh 미만인 가구는 전체의
$0.14 \times 100 = 14(\%)$

117 답

나이(세)	남자		여자	
	도수(명)	상대도수	도수(명)	상대도수
10^{이상} ~ 20^{미만}	80	0.16	40	0.1
20 ~ 30	110	$\dfrac{110}{500}=0.22$	80	$\dfrac{80}{400}=0.2$
30 ~ 40	160	$\dfrac{160}{500}=0.32$	96	$\dfrac{96}{400}=0.24$
40 ~ 50	100	$\dfrac{100}{500}=0.2$	120	$\dfrac{120}{400}=0.3$
50 ~ 60	50	$\dfrac{50}{500}=0.1$	64	$\dfrac{64}{400}=0.16$
합계	500	1	400	1

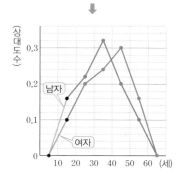

118 답 0.32, 0.24, 남자

119 답 여자 선수

여자 선수에 대한 그래프가 남자 선수에 대한 그래프보다 전체적으로 오른쪽으로 치우쳐 있으므로 여자 선수가 남자 선수보다 나이가 대체적으로 더 많다고 할 수 있다.

120 답 80분 이상 100분 미만, 100분 이상 120분 미만, 120분 이상 140분 미만

121 답 A 중학교

통화 시간이 40분 이상 60분 미만인 계급의 상대도수는 A 중학교가 0.24, B 중학교가 0.16이므로 A 중학교가 더 높다.

122 답 128명, 156명

통화 시간이 60분 이상 80분 미만인 계급의 상대도수는 A 중학교는 0.32, B 중학교는 0.26이므로 이 계급의 학생은
A 중학교: $400 \times 0.32 = 128$(명)
B 중학교: $600 \times 0.26 = 156$(명)

123 답 B 중학교

B 중학교에 대한 그래프가 A 중학교에 대한 그래프보다 전체적으로 오른쪽으로 치우쳐 있으므로 B 중학교가 A 중학교보다 통화 시간이 대체적으로 더 길다고 할 수 있다.

124 답 3

10개 이상 20개 미만, 20개 이상 30개 미만, 30개 이상 40개 미만의 3개이다.

125 답 소희네 반

하루 동안 보낸 문자 메시지가 40개 이상 50개 미만인 계급의 상대도수는 소희네 반이 0.2, 동규네 반이 0.3이므로 소희네 반이 더 낮다.

126 답 2명, 8명

하루 동안 보낸 문자 메시지가 50개 이상 60개 미만인 계급의 상대도수는 소희네 반이 0.1, 동규네 반이 0.2이므로 이 계급의 학생은
소희네 반: $20 \times 0.1 = 2$(명)
동규네 반: $40 \times 0.2 = 8$(명)

127 답 소희네 반

소희네 반에 대한 그래프가 동규네 반에 대한 그래프보다 전체적으로 왼쪽으로 치우쳐 있으므로 소희네 반이 동규네 반보다 하루 동안 보낸 문자 메시지의 개수가 대체적으로 더 적다고 할 수 있다.

기본 문제 × 확인하기

1 (1) 25명 (2) 4 (3) 2명 (4) 4명
2 (1) 5회, 5 (2) 12 (3) 28명 (4) 80%
3 (1) 8명 (2) 24명 (3) 25% (4) 8명
4 (1) 10명 (2) 25% (3) 37.5%
5 (1) 20세 이상 30세 미만 (2) 30명 (3) 20% (4) 300
6 (1) 7명 (2) 18명 (3) 60%
7 (1) $A=3$, $B=0.36$, $C=1$, $D=25$, $E=1$ (2) 0.04
   (3) 0.2 (4) 40%
8 (1) 0.3 (2) 48명 (3) 4명 (4) 12%

---

1 (1) $3+9+9+4=25$(명)
(4) 65 kg, 66 kg, 69 kg, 71 kg의 4명이다.

2 (1) $10-5=15-10=20-15=25-20=30-25=5$(회)
(2) $2+5+10+A+6=35$에서
   $A=35-(2+5+10+6)=12$
(3) $10+12+6=28$(명)
(4) $\dfrac{28}{35}\times100=80$(%)

3 (1) 도수가 가장 큰 계급은 5회 이상 7회 미만이고, 이 계급의 도수는 8명이다.
(2) $4+8+6+4+2=24$(명)
(3) 팔굽혀펴기 기록이 7회 이상 9회 미만인 학생은 6명이므로
   $\dfrac{6}{24}\times100=25$(%)
(4) 팔굽혀펴기 기록이 낮은 계급부터 차례로 도수를 구하면
   3회 이상 5회 미만: 4명 ←1번째~4번째
   5회 이상 7회 미만: 8명 ←5번째~12번째
   따라서 팔굽혀펴기 기록이 낮은 쪽에서 5번째인 학생이 속하는 계급은 5회 이상 7회 미만이고, 이 계급의 도수는 8명이다.

4 (1) 등교 시간이 25분 이상 30분 미만인 학생은
   $40-(3+5+6+11+5)=10$(명)
(2) $\dfrac{10}{40}\times100=25$(%)
(3) 등교 시간이 25분 이상인 학생은 $10+5=15$(명)이므로
   $\dfrac{15}{40}\times100=37.5$(%)

5 (2) $4+6+11+9=30$(명)
(3) $\dfrac{6}{30}\times100=20$(%)
(4) (도수분포다각형과 가로축으로 둘러싸인 부분의 넓이)
   =(계급의 크기)×(도수의 총합)
   $=10\times30$
   $=300$

6 (1) $30-(3+4+5+11)=7$(명)
(2) $11+7=18$(명)
(3) $\dfrac{18}{30}\times100=60$(%)

7 (1) $D=\dfrac{5}{0.2}=25$
   $A=25\times0.12=3$
   $B=\dfrac{9}{25}=0.36$
   $C=25-(3+7+9+5)=1$
   $E=$(상대도수의 총합)$=1$
(2) 도수가 가장 작은 계급은 8시간 이상 10시간 미만이므로 상대도수는 $\dfrac{1}{25}=0.04$
(3) 봉사 활동 시간이 많은 계급부터 차례로 도수를 구하면
   8시간 이상 10시간 미만: 1명 ←1번째
   6시간 이상 8시간 미만: 5명 ←2번째~6번째
   따라서 봉사 활동 시간이 4번째로 많은 학생이 속하는 계급은 6시간 이상 8시간 미만이므로 상대도수는 0.2이다.
(4) 봉사 활동 시간이 4시간 미만인 학생은 $3+7=10$(명)이므로
   $\dfrac{10}{25}\times100=40$(%)

8 (2) 나이가 30세 이상 40세 미만인 계급의 상대도수는 0.24이므로 이 계급의 도수는
   $200\times0.24=48$(명)
(3) 상대도수가 가장 작은 계급은 60세 이상 70세 미만이고, 이 계급의 상대도수는 0.02이므로 이 계급의 도수는
   $200\times0.02=4$(명)
(4) 나이가 50세 이상 60세 미만, 60세 이상 70세 미만인 계급의 상대도수의 합은
   $0.1+0.02=0.12$
   따라서 나이가 50세 이상인 사람은 전체의
   $0.12\times100=12$(%)

학교 시험 문제 × 확인하기

1 ⑤ 2 25% 3 ③ 4 480 5 ④
6 ④ 7 ③ 8 ③, ⑤ 9 2 10 ⑤
11 ⑤

1 ① 전체 학생은 $6+8+7+4=25$(명)이다.

② 잎이 가장 적은 줄기는 6이다.

③ 과제를 하는 데 걸린 시간이 많은 학생의 과제 시간부터 차례로 나열하면 65분, 62분, 61분, 60분, 58분, …

따라서 과제를 하는 데 걸린 시간이 많은 쪽에서 5번째인 학생의 과제 시간은 58분이다.

④ 과제를 하는 데 걸린 시간이 50분 이상인 학생은 11명이다.

⑤ 과제를 하는 데 걸린 시간이 가장 많은 학생의 과제 시간은 65분, 가장 적은 학생의 과제 시간은 32분이므로 두 학생의 과제 시간의 차는 $65-32=33$(분)

따라서 옳은 것은 ⑤이다.

2 전체 회원은 $1+3+6+2=12$(명)이고

18세보다 적은 회원은 9세, 16세, 17세의 3명이므로

$\dfrac{3}{12}\times100=25(\%)$

3 ③ $A=50-(5+22+6+3)=14$

4 (모든 직사각형의 넓이의 합)=(계급의 크기)×(도수의 총합)

$\qquad\qquad\qquad\qquad\quad=10\times(5+9+13+11+7+3)$

$\qquad\qquad\qquad\qquad\quad=480$

5 국어 성적이 70점 이상 80점 미만인 학생은

$40-(1+4+10+8+3)=14$(명)이므로

$\dfrac{14}{40}\times100=35(\%)$

6 읽은 책의 수가 많은 계급부터 차례로 도수를 구하면

24권 이상 28권 미만: 3명 ← 1번째~3번째

20권 이상 24권 미만: 7명 ← 4번째~10번째

16권 이상 20권 미만: 8명 ← 11번째~18번째

따라서 책을 13번째로 많이 읽은 학생이 속하는 계급은 16권 이상 20권 미만이고, 이 계급의 도수는 8명이다.

7 ② 전체 학생은 $2+5+10+11+8+4=40$(명)

③ $15-10=20-15=\cdots=40-35=5(\mathrm{m})$

⑤ 기록이 30 m 이상인 학생은 $8+4=12$(명)이므로

$\qquad\dfrac{12}{40}\times100=30(\%)$

8 ③ 상대도수는 0 이상이고 1 이하인 수이다.

⑤ 도수의 총합은 각 계급의 도수를 상대도수로 나눈 값과 같다.

9 전체 학생은 $\dfrac{1}{0.04}=25$(명)

$A=25\times0.28=7$

$B=25-(2+7+6+4+1)=5$

$\therefore A-B=7-5=2$

10 휴대 전화에 등록된 친구가 40명 이상 60명 미만인 계급의 상대도수는 0.24이므로 $a=50\times0.24=12$

휴대 전화에 등록된 친구가 80명 이상 100명 미만인 계급의 상대도수는 0.22이므로 $b=50\times0.22=11$

$\therefore a+b=12+11=23$

11 ㄱ. 1학년 학생 수와 2학년 학생 수는 알 수 없다.

ㄴ. 1학년에 대한 그래프가 2학년에 대한 그래프보다 전체적으로 오른쪽으로 치우쳐 있으므로 1학년의 독서 시간이 2학년의 독서 시간보다 대체적으로 더 긴 편이라고 할 수 있다.

ㄷ. 1학년의 독서 시간이 6시간 이상 8시간 미만, 8시간 이상 10시간 미만인 계급의 상대도수의 합은 $0.24+0.26=0.5$

따라서 독서 시간이 6시간 이상 10시간 미만인 1학년 학생은 전체의 $0.5\times100=50(\%)$

ㄹ. 2학년의 독서 시간이 14시간 이상인 계급의 상대도수는 0.04이므로 $50\times0.04=2$(명)

따라서 옳은 것은 ㄴ, ㄷ, ㄹ이다.

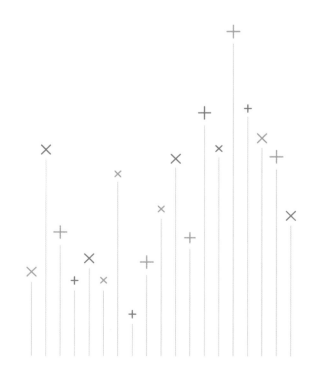

memo